JN201621

HTML/CSS &
伝わる
Webデザイン

ゼロから
はじめて
プロになる

HTML/CSS & Effective Web Design:
Start from Zero and Become a Pro

著 / HIROCODE.

KADOKAWA

本書の内容について

- 本書で紹介する内容は、執筆時（2024年12月）の最新バージョンである Google Chrome、Mac OS、Windows、Visual Studio Code、Figma の環境下で動作するように制作されています。また、ソフトウェアはバージョンアップされる場合があり、本書での説明とは機能内容や画面図などが異なってしまうこともあり得ますので、ご了承ください。

- 本書内に記載されている会社名、商品名、製品名などは一般に各社の登録商標または商標です。®、™マークは明記していません。

- 本書に掲載されているサービスは予告なく終了することがあります。

- 本書の内容は2024年12月時点のものです。本書の出版にあたっては正確な記述に努めましたが、本書の内容に基づく運用結果について、著者および株式会社KADOKAWAは一切の責任を負いかねますのでご了承ください。

- 本書に記載されたURLなどは、予告なく変更されることがあります。

はじめに

こんにちは！本書を手に取っていただき、ありがとうございます！

この本は、Webデザインに興味のある方や、これからWebデザイナーとしてキャリアをスタートしたい方に向けた入門書です。

僕はWebデザイナーとして約9年間働いてきましたが、Webデザインの世界はとても奥が深く、今でも日々学びや発見が続いています。もちろん、難しいことも多いですが、納得のいくデザインが完成したときや、お客様に喜んでいただけたとき、さらにはユーザーからの反響が大きかったときなどは、本当にやりがいを感じます。

Webデザイナーの仕事は、大きく2つに分かれます。1つ目はデザインツールを使ってWebサイトのビジュアルを作成する「Webデザイン（デザインカンプ制作）」の仕事、2つ目はそのデザインをHTMLやCSSでWebページに変換する「コーディング」の仕事です。多くのWebデザイナーは、この2つのスキルを兼ね備えており、特にフリーランスを目指す場合にはどちらも重要なスキルとなります。

本書では、デザインの基礎知識、デザインツール「Figma」を使ってWebサイトのデザインカンプをつくり、それを「HTML / CSS」を使ったコードに変換する流れを学びながら、Webデザインの基礎から実践までをしっかり理解できるように構成しています。

多くの方がWebデザインの魅力を感じ、興味を持ってもらえることを願っています。本書が、Webデザイナーとしての第一歩を踏み出すお手伝いになればうれしいです。

2024年12月吉日
HIROCODE. ヒロ

本書の使い方

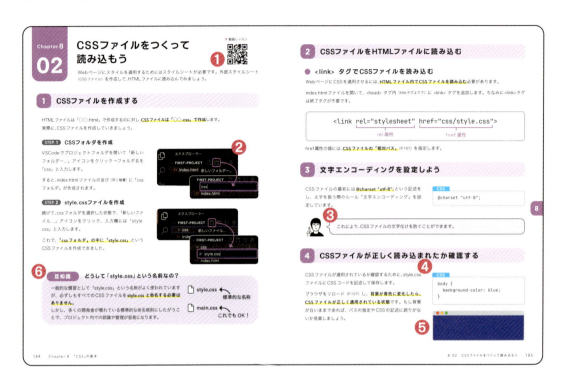

❶ 映像レッスン

文章だけだと伝わりにくい箇所や重要なポイントには、解説動画を設けています。タイトルのQRコードを読み取ると、動画にアクセスできます。

❷ 画面キャプチャ

実際の作業画面をキャプチャした画像です。工程がわかりやすいように、ステップごとに画像を掲載しています。

❸ 吹き出し

補足的な内容や、Webデザイナーとして知っておくと役に立つ知識などを紹介しています。

❹ ソースコード

ページを構成するコードを記載しています。思うように動作しない場合は、最下部に記載されているファイル（DLサンプルデータ）を参考にしてください。

❺ ブラウザ表示

コードが反映されたブラウザでの表示を掲載しています。

❻ 学習のポイント

「POINT」「豆知識」「ヒント」「ステップアップ」「MEMO」の5種類があり、学習のヒントやステップアップする情報など、学習のポイントを解説しています。

目次

はじめに	3
本書の使い方	4
サンプルファイルの使い方	10

▶ は解説動画があることを示しています。

基礎編

Chapter 1 最初に知っておきたいWebサイトの基本

01	Webサイトの基本	12
02	さまざまな種類のWebサイト	14
03	Webサイト制作の流れ	16
04	Webページの基本レイアウト	18
05	Webページのいろいろなパーツ	20

デザイン編

Chapter 2 絶対に知っておきたいWebデザインの基本

01	Webデザインの基本	26
02	Webデザインの大まかな手順	28
03	ページレイアウトの種類を知ろう	30
04	色の基本	33
05	タイポグラフィ	39
06	「デザインの4原則」を覚えよう	47

Chapter 3 デザインツール「Figma」の基本

01	Figmaの基本	50
▶ 02	Figmaを使い始める準備をしよう	52

03	デザインファイルの画面構成と基本操作	58
04	シェイプツールで図形をつくってみよう	60
column	Figmaのプラグインを使ってみよう！	65
05	テキストツールでテキストを配置しよう	66
06	画像を配置しよう	68
07	拡大縮小ツールで大きさを変えよう	70
08	レイヤーの概念と基本操作を覚えよう	72
09	ページとフレーム（最上位フレーム）	76
10	制約（コンストレインツ）	80
11	オートレイアウト機能を使ってみよう	82
12	コンポーネント機能を使ってみよう	86
column	PhotoshopやIllustratorは使わないの？	90
column	Figmaがもっと便利になるオススメプラグイン	91
13	プロトタイプ機能を使ってみよう	92
14	画像の書き出し方を覚えよう	98
15	ローカルスタイル（スタイルの定義）	100

Chapter 4　サイトマップとワイヤーフレームをつくろう

01	サイトマップをつくろう	104
02	ワイヤーフレームをつくろう	106
column	いろいろなWebサイトを参考にしよう	108

Chapter 5　デザインカンプをつくろう

01	デザインカンプの基本	110
02	カフェサイトのデザインカンプをつくろう	112
03	「ヘッダー」のデザインをつくろう	116
04	「ヒーローセクション」のデザインをつくろう	120
05	「見出し」のコンポーネントをつくろう	123
06	「当店について」のセクションをつくろう	125
07	「メニュー」のセクションをつくろう	128
08	「店舗情報」のセクションをつくろう	132
09	「お問い合わせ」ページのデザインをつくろう	136
10	スマホサイズのデザインをつくろう	142
column	トレースで「デザインの引き出し」を増やそう	144

7

コーディング編

Chapter 6 コーディングの始め方

01	コーディングの基礎知識	146
02	コーディング環境を準備しよう	148
03	「Visual Studio Code」の基本	152
▶ 04	HTMLファイルをつくってブラウザで表示してみよう	154
column	オススメの「画像素材サイト」と「アイコン素材サイト」	158

Chapter 7 HTMLの基本をおさえよう

01	HTMLの基礎知識	160
02	テキスト要素をつくろう	164
03	リンクをつくろう	166
04	画像（写真）を表示しよう	168
05	リスト要素をつくろう	170
06	テーブル要素をつくろう	172
column	<div>タグと<span>タグ	173
07	フォーム要素をつくろう	174

Chapter 8 CSSの基本をおさえよう

01	CSSの基礎知識	180
▶ 02	CSSファイルをつくって読み込もう	184
03	リセットCSSを読み込もう	186
04	テキストのスタイルを指定しよう	188
05	四角形をつくって装飾してみよう	192
06	ボックスモデルを理解しよう	196
07	画像のスタイルを指定しよう	200
08	classセレクタの使い方を覚えよう	202
09	いろいろなセレクタの指定方法	206
10	疑似要素と疑似クラス	208
▶ 11	Flexboxでレイアウトを組もう	210
12	GridLayoutでレイアウトを組もう	216

13	要素を浮かせて配置しよう	222
14	ボタンをコーディングしてみよう	224
column	要素を中央に揃えるいろいろな方法	226

実践編

Chapter 9　カフェサイトをコーディングしよう

01	プロジェクトの準備をしよう	228
column	VSCode のオススメプラグイン	231
02	デザインカンプの使い方	232
03	CSS のネスト記述を活用しよう	234
04	「ヘッダー」をコーディングしよう	236
05	「ヒーローセクション」をコーディングしよう	238
06	共通要素をつくろう	240
column	CSS 変数を使ってみよう！	243
07	「当店について」をコーディングしよう	244
08	「メニュー」をコーディングしよう	246
09	「店舗情報」をコーディングしよう	249
10	「フッター」をコーディングしよう	254
11	新しいページを追加しよう	256
12	「お問い合わせフォーム」をコーディングしよう	258
column	模写コーディングでスキルアップしよう	263
13	「お問い合わせフォーム」を実装しよう	264
14	検証ツールを使ってみよう	266
15	レスポンシブ対応をしよう	268
column	生成 AI「ChatGPT」を使ってみよう	275
16	Web サイト公開の準備をしよう	276
17	Web サイト公開の手順	280

| 索引 | 282 |
| おわりに | 287 |

サンプルファイルの使い方

本書の学習に関するサンプルファイルは、以下のURLよりダウンロードできます。

🔗 https://kdq.jp/StHjA

サンプルファイルには、本書で解説しているデザインカンプやコーディングの完成データ、参考となるサンプルデータなどが多数収録されています。

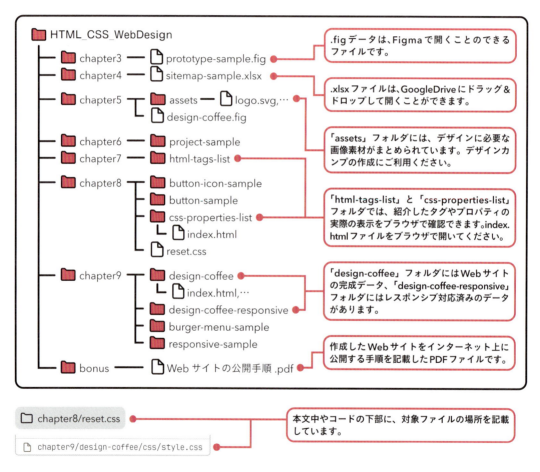

- ダウンロードはパソコンからのみとなります。
- ダウンロードページへのアクセスがうまくいかない場合は、お使いのブラウザが最新であるかどうかご確認ください。また、ダウンロード前に、パソコンに十分な空き容量があることをご確認ください。
- フォルダは圧縮されていますので、展開したうえでご利用ください。
- 本ダウンロードデータを私的使用範囲外で複製、または第三者に譲渡・販売・再配布する行為は固く禁止されております。
- なお、本サービスは予告なく終了する場合がございます。あらかじめご了承ください。

Chapter 1

基礎編

最初に知っておきたい
Webサイトの基本

制作を行う上で、「Webサイト」への基本的な理解は不可欠です。この章では、そもそも「Webサイト」とは何か、どのような目的があるのかを踏まえつつ、Webサイトの基本について詳しく解説します。

Web制作に取り組む上で必要不可欠な知識を、しっかりと身につけましょう！

Chapter 1
01 Webサイトの基本

ひとくちに「Webサイトを制作する」といっても、そのタスクは多岐にわたります。まずは、Webサイトとは何か、どうつくられているかなど、Webデザイナーの仕事の全体像を把握しましょう。

1 Webサイトって何？

Webサイト（ウェブサイト）は、インターネット上でアクセス可能な情報やコンテンツを提供する場所です。

通常、特定のドメイン（例: example.com）、いわゆるインターネット上の住所に関連づけられ、ユーザーはWebブラウザを使用してドメインにアクセスし、Webサイトを閲覧することができます。

WWW（world wide web）

インターネットにつながる環境があれば、パソコンやスマートフォンから、世界中のWebサイトにアクセスすることができます。

● 何のためにあるの？

Webサイトはさまざまな目的でつくられています。

たとえば、製品やサービスに関する情報を公開するサイトや、コミュニケーション、映画やゲームなどのエンターテイメント、ポートフォリオなどを通じた自己表現の場としても利用されています。

● Webページとは？

「**Webページ**」は、Webサイト内の特定の場所に配置され、特定のURLが割り当てられた文書のことです。「**Webページ**」の集合体が「**Webサイト**」です。

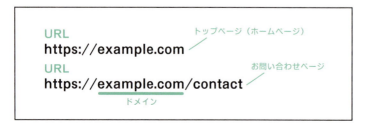

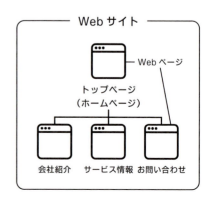

2 Webページを構成するファイル

Webページは何によってつくられているのでしょうか。構成しているファイルを確認してみましょう。

Webページを構成するファイル	
HTMLファイル	Webページに最低限必要なファイルがHTMLファイルです。HTMLファイルにはWebページの構造やコンテンツが記述されています。
CSSファイル	CSSファイルは、Webページのスタイルやデザインを定義するために使用します。色、フォント、レイアウト、アニメーションなどのスタイルを指定することで、Webページの見栄えを整えます。
JavaScriptファイル	JavaScriptファイルは、Webページに対する動的な機能を追加するために使用されます。ユーザーとの対話、フォームの検証、動的コンテンツの更新などが可能になります。
画像ファイル	画像ファイルは、Webページ内で使用される画像やグラフィックを提供します。主な画像ファイル形式には、JPEG、PNG、GIF、SVG、Webpなどがあります。

これらのファイルを組み合わせて、Webページはつくられています。

 Webページのつくり方は、以降の章で詳しく説明していきます！

3 Webサイトが表示される仕組み

Webサイトを公開するには、「**サーバー**」と呼ばれるインターネット上のコンピューターシステムに、Webサイトのデータを配置（アップロード）します。

ユーザーがブラウザでWebサイトのURLを入力することで、Webサイトが表示されます。

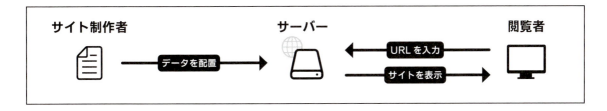

 Webサイトを公開するには、レンタルサーバーとの契約とドメインの取得が必要です（P.280）。安ければ月額数百円程度の費用でWebサイトを公開できます。

Chapter 1 02 さまざまな種類のWebサイト

多様な依頼に応えるためにも、世の中にどのようなWebサイトがあるのかを知ることが大切です。主要なWebサイトの種類を把握しましょう。

1 いろいろなWebサイトの種類

● コーポレートサイト

企業や組織が、自社や活動に関する情報を公開し、イメージや価値観を伝えるためのWebサイトです。

主に、沿革やビジョン、事業内容、製品やサービスの紹介、採用情報、お問い合わせフォームなどが含まれます。

特徴
- 企業の信頼性や透明性を高める
- 製品やサービスの情報提供
- ブランドイメージの構築
- 働く環境の情報や採用活動

https://www.kadokawa.co.jp/

● LP（ランディングページ）

商品やサービスの購入、会員登録、ダウンロードなど、訪問者が望ましい行動（コンバージョン）を取ることを目的に設計されたWebサイトです。

行動を促すためのフォームやボタンが設置され、訪問者が簡単に行動を取れるようになっています。

特徴
- 特定の目的に焦点を当てた設計
- 説得力のあるコピーと強力な呼びかけ
- 行動を促すためのフォームまたはCTA（コールトゥアクション）ボタン

https://comic-walker.com/campaign/kadocomifair2024/

● ECサイト（オンラインショップ）

商品やサービスの販売をインターネットを通じて行うWebサイトです。ユーザーが商品を閲覧、選択、購入することができます。

商品一覧、価格、支払い方法などの情報が提供され、顧客が商品を購入するためのショッピングカートや決済機能が備わっています。

特徴
- ✓ 商品のオンライン販売
- ✓ ショッピングカート・決済機能
- ✓ ユーザーのアカウント登録・ログイン機能

https://www.unico-fan.co.jp/shop/default.aspx

● ブログ

Web上で個人や組織が記事や日記を投稿するためのWebサイトです。

特定のトピックやテーマに焦点を当て、知識や情報を共有する場として利用されることが多いです。

特徴
- ✓ 個人や企業が情報や意見を発信
- ✓ 記事形式でコンテンツを提供
- ✓ 特定のトピックやテーマに焦点を当てる
- ✓ コメント機能

https://ameblo.jp/takkenken1972/

● メディアサイト

ニュース、情報、エンターテインメントなどさまざまな形態のメディアコンテンツを提供するWebサイトです。

スポーツ、ビジネスなどの幅広いトピックに関する記事、動画、写真を提供し、読者や視聴者に情報を提供します。

特徴
- ✓ ニュースや情報の提供
- ✓ カテゴリごとにコンテンツを整理
- ✓ 記事、動画、写真などのメディアを活用

https://www.yahoo.co.jp/

Chapter 1
03 Webサイト制作の流れ

Webデザイナーが Web サイト制作にどんなポイントで関わるかを含めて、Web サイト制作の大まかな流れを把握しましょう。

1　Webサイト制作の大まかな「流れ」を理解しよう

Webサイト制作は、大まかに「**7つのステップ**」で制作・公開が行われます。

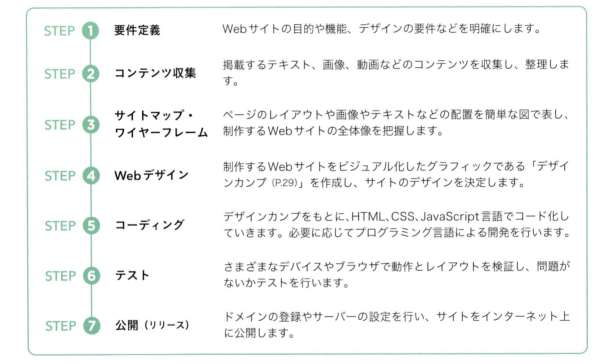

● 要件定義

Webサイトを作成するための**目標や仕様を明確**にし、プロジェクト全体の方向性を確立するための基盤をつくります。要件定義を事前にしっかりと行うことで開発プロセスが効果的に進行し、**目的に沿ったWebサイト**をつくりやすくなります。

ヒアリングシートを用意してクライアントの意向を把握するのもオススメです！

● コンテンツ収集

Webサイトに掲載する**テキストや画像**は、通常クライアントから提供されるのが一般的です。ただし、状況に応じて**無料や有料の素材**を使用することもあります。

さらに、サービスロゴがない場合や動画コンテンツが必要な場合は、自身のスキルで対応できるのであれば、これらの制作を別途見積り・提案することも検討します。

● Webデザイン

Webデザインは、Webサイトを魅力的で使いやすいものにするために欠かせないステップです。要件定義やユーザーのニーズを踏まえて、**サイトの外観**やレイアウト、色彩やフォントなどを決定していきます。

このステップではサイト内に配置するコンテンツの種類やレイアウトを決定し、デザインカンプ、プロトタイプとして「**Webサイトのイメージ図**」を完成させます。

Webデザイナーの主要な担当業務です。「**Webデザイン**」**という言葉は「デザインカンプの作成**」として表現されることがよくあります。

● コーディング

デザインカンプをもとに、**HTML、CSS、JavaScriptなどの言語を使用**して、Webサイトの外観を実装します。また、動的機能のあるサイトでは、バックエンド開発が必要になり、プログラミング言語が必要になるため、主にプログラマー(エンジニア)が実装を担当します。

Webデザイナーがフロントエンド、いわゆる**HTML、CSS**(場合によってはJavaScriptも含む)**のコーディングまで担当**することもよくあります。

豆知識 **静的サイトと動的サイト**

静的サイトは、HTMLやCSSで構成され、**常に同じ内容を表示**します。そのため、静的なサイトは「**フロントエンド**」開発のみで完結します。

一方、動的サイトは、ユーザーの操作に応じてコンテンツが生成されるため、「**バックエンド**」**開発が必要**です。

動的サイトは、サーバーサイドのプログラミング言語(PHP、Python、Rubyなど)やデータベース管理システム(MySQL、PostgreSQLなど)を使用する**エンジニアのスキル**が求められます。

静的サイト
フロントエンドのみ

動的サイト
バックエンドも必要

Chapter 1 04

Webページの基本レイアウト

Webサイトには基本となる構成要素がいくつかあります。Webサイトに必要な要素の名称と役割について理解しましょう。

1 Webページを構成する基本の要素

Webサイトは一般的に、次に挙げる**6つの要素**で構成されています。

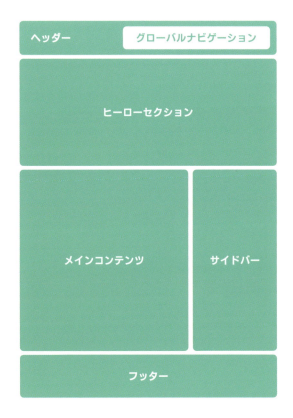

● ヘッダー

Webページの一番上には「**ヘッダー**」が配置されます。ここは、サイト全体の重要な情報やナビゲーションを含むエリアです。

サービスの**ロゴ**や、**グローバルナビゲーション**、連絡先情報や検索バーなどを表示します。

● グローバルナビゲーション

Webサイトのヘッダー内に配置される**主要なナビゲーションメニュー**です。主に、**サイト内の主要なセクションやページへのリンク**が含まれます。

● ヒーローセクション

Webページの最初に目に入る大きなエリアを「**ヒーローセクション**」といいます。ここには大きな画像や動画、主要なキャッチフレーズ、CTAボタン（特定の行動を促すボタン）などを配置します。このセクションは**トップページにのみ配置される**要素です。

● メインコンテンツ

Webページの中心部分に配置される主要なコンテンツです。メインコンテンツには通常、**複数の「セクション」を配置**します。セクションとは、特定のコンテンツをまとめた領域を指します。

たとえば、企業情報や最新のニュースを提供するセクション、サービスの特徴を説明するセクション、お客様の声を紹介するセクションなど、さまざまな要素がこの中に配置されます。

● サイドバー

Webページの側面に配置される縦長の領域のことで、一般的には**追加の情報やナビゲーション**を設置します。サイドバーは**必要に応じて設置するエリア**なので、必ずしも必要な要素ではありません。

● フッター

Webページの一番下には「**フッター**」を配置します。フッターは、サイトの情報やナビゲーションを配置する場所で、ユーザーがWebサイト全体を活用できるように支援します。

> **豆知識　ファーストビューとは？**
>
> ブラウザで最初に表示される画面領域を「**ファーストビュー**」と呼びます。訪問者の最初の印象を決定し、サイトの利用意欲を高める役割を持つため、**適切に設計する**ことが求められます。
>
> ファーストビューのサイズはサイトを閲覧する端末によって異なるという点も理解しておきましょう。

2　メインコンテンツにはどんなセクションが入る？

必要なセクションはサイトによって多種多様ですが、一般的なセクションの例をいくつか紹介します。

お知らせ
最新のニュース、業界情報、または役立つコンテンツを定期的に更新するセクション。

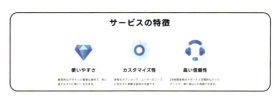

特徴・ポイント
サービスや製品の特徴やポイントを端的にまとめた説明セクション。

お客様の声
サービスを利用したユーザーのレビューなどを掲載するセクション。

FAQ（よくある質問）
ユーザーがよく持つ疑問や質問に対する回答をまとめたセクション。

Chapter 1 05 Webページのいろいろなパーツ

Webページは、さまざまなパーツ（デザイン要素）が組み合わさって形成されます。主要なパーツとその用途について紹介します。

Webページは、いろいろな**エリアの中**に、さまざまな**パーツ要素**が配置されて構成されています。これらの要素には、画像、テキスト、ボタン、ナビゲーションなどが含まれ、それぞれがページ全体の**機能性を高める**ために重要な役割を果たします。

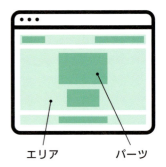

エリア　　パーツ

いろいろなパーツを知ることから始めよう！

1 基本のパーツ

Webサイトで頻繁に使用する基本のパーツは、次の3つです。

● テキスト

情報を伝えるための基本的な要素であり、ユーザーに対して詳細な説明や追加情報を提供します。これには**段落、見出し、リスト、引用文**などが含まれ、各ページのコンテンツの大部分を占めています。

> **HIROCODE. ヒロコード**
>
> ヒロコードは、Webデザインや HTML、CSSに関する情報やノウハウを提供するYouTubeチャンネルです。

● 画像・動画

画像と動画はWebサイトの視覚的要素として非常に重要であり、ユーザーの興味を引きつけ、情報の理解を深めるのに役立ちます。

● アイコン

テキストによる説明を小さなイメージ図で簡潔に置き換えることで、直感的な理解を手助けします。使いやすい操作画面の構築に不可欠です。

2 ナビゲーション

ナビゲーションとは、ユーザーがWebサイト内を**効率的に移動**し、**必要な情報を見つける**ためのメニューやリンクのことです。

● リンク

ハイパーリンクとも呼ばれ、クリックすることで他のページや外部サイトに遷移させます。テキストに設定されることが多く、初期状態では、特定のキーワードが下線つきの文字として装飾されます。

● ボタン

ユーザーが特定のアクションを起こすためにクリックする要素です。視覚的に目立つデザインが特徴で、色やシャドウ、ホバーエフェクト（右図参照）などを使って強調します。

ホバーエフェクト：カーソルを合わせると変化し、クリック可能であることが強調される

● ハンバーガーメニュー

主にモバイル端末で使用され、画面スペースを節約するために使用されます。3本線のアイコンをクリックすると、メニューが表示されます。

● アコーディオンメニュー

メニュー項目を選択すると、追加のサブメニューが垂直にドロップダウンします。通常、マウスカーソルを合わせるかクリックすると展開されます。

● タブメニュー

タブをクリックすることで、コンテンツが切り替わり、関連する情報やコンテンツが表示されます。

● パンくずリスト

現在のページの位置を理解しやすくするためのナビゲーションです。ページの階層構造を示し、**クリックすると対象のページへ遷移**します。

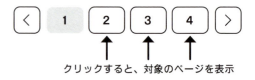

● ページネーション

長いリストや複数のページにわたるコンテンツを分割し、ナビゲーションする手段です。検索結果や記事一覧などで使用され、前後のページや対象のページに移動します。

3 通知

通知は、ユーザーに必要な情報やメッセージを知らせるのに役立つパーツです。変更時の通知や最新情報を伝えるなど、いろいろな用途で使用できます。

● エラーメッセージ

ユーザーがフォーム送信などの操作を行った際に、問題が発生したことを通知する短いメッセージです。必須フィールドの未入力やデータフォーマットの不一致など、具体的なエラー内容が表示されます。

● フラッシュメッセージ

Webサービスの処理結果をユーザーに通知する短いメッセージです。一時的に表示され、時間の経過やページがリロードされると消えます。

● モーダルウィンドウ

ページの上に重要なメッセージを強調して表示するためのポップアップウィンドウです。表示されると、通常はウィンドウを閉じるまでは外側のコンテンツにアクセスできなくなります。

4 フォーム

ユーザーが情報を入力し、そのデータを送信するためのパーツ類です。

● 入力フィールド

テキストを入力するための要素で、問い合わせフォーム、ログインフォーム、検索バーなどに使用されます。

● ラジオボタン

選択肢を1つだけ選択するための要素です。複数個でグループ化され、グループ内の1つだけ選択できます。

● チェックボックス

選択肢を複数選択する場合に使用します。選択された場合にチェックマークが表示されます。

● セレクトボックス

選択肢を1つだけ選ぶ際に使用され、選択肢の数が多い場合に便利です。たとえば、国や都道府県の選択、生年月日などを選択する際に使われています。

● ファイル選択

ファイルを選択してアップロードするための要素です。ボタンを押すとファイルダイアログが表示され、アップロードするファイルを選択します。

● 送信ボタン

ユーザーが**フォームに入力した情報を送信する**ための要素です。フォームの最後に配置され、ボタンをクリックすることで実行されます。

5 その他

● スライドショー・カルーセル

複数の画像やコンテンツを順番に表示するための要素です。通常、画像やコンテンツが一定の間隔で自動的に切り替わり、ユーザーが前後のコンテンツにスライドできるようになっています。

● ローディング

データを読み込んでいる間に、ユーザーに進行状況を表示するための要素です。ページの読み込みに時間がかかる場合に、作業が進行中であることを示します。

● ツールチップ

ユーザーがマウスを要素の上に移動させると表示される小さな情報ボックスです。対象要素の詳細や補足情報を表示するために使用されます。

POINT　機能実装が必要か否か

パーツによって、プログラミング言語を使った機能実装が必要なものと、そうでないものとに分かれます。

パーツを導入する際には、機能実装が必要か否か、WordPressなどのツールで実装が可能かなど、実装方法を検討した上で導入を判断しましょう。

1. 開発不要 …… デザイナーの範囲内
2. 開発が必要 …… プログラマーが必要

提案したはいいけど、機能実装のことを考えてなかった……なんてことにならないように、事前に導入可能かを判断してから採用しましょう。

Chapter 2

デザイン編

絶対に知っておきたい
Webデザインの基本

Webデザインは、Webサイトの外観やユーザビリティ（使いやすさ）を設計し、美しく魅力的なデザインを実現するためのプロセスを指します。この章では、Webデザインの基本や流れについて解説します。

Webデザインでは、グラフィックを用いてWebサイトのビジュアルを表現します。

Chapter 2
01 Webデザインの基本

美しく魅力的なWebサイトを実現するには「Webデザイン」が必要不可欠です。
Webデザインの流れや、デザインのルールについて学習しましょう。

1 Webデザインって何？

「Webデザイン」とは、**Webサイトのイメージ図を制作する仕事**です。レイアウト、タイポグラフィ、配色、画像、ナビゲーションなどを考えて、Webサイトを魅力的なものにします。

また、Webデザインは見た目以外にも、ユーザーが迷わず操作できるような**利便性の設計**も含まれます。

このような「Webデザイン」の仕事をする人を「**Webデザイナー**」といいます。

見た目のよさだけではなく、快適なサイトを設計するスキルも必要です。

● UI/UXとは？

UI（ユーザーインターフェース・ユーアイ） は、ユーザーがデジタル製品とやり取りするための「接点」を指します。UIの目的は、ユーザーがデバイスを効果的かつ直感的に操作できるようにすることです。

一方、**UX（ユーザーエクスペリエンス・ユーエックス）** は、ユーザーがデジタル製品を使用する際に感じる「全体的な体験」を指します。UXデザインの目的は、ユーザーが製品を使うことで得られる経験を最適化し、ユーザーが満足して再びデジタル製品に戻ってくるようにすることです。

操作性を最適化

ユーザー体験を最適化

Webサイトを通じてユーザーに伝えたいメッセージや、提供したい内容を明確にすることがUI/UXの役割です。

2　まずは、Webサイトの「コンセプト」を考えよう

Webデザインを始める前に、**Webサイトの目的やターゲットとなるユーザー層**、そして**デザインの方向性**を考えましょう。

STEP.1　「目的」を考えよう

Webサイトをつくる目的をはっきりさせることが最初のステップです。これには、サイトを通じて達成したい**具体的な目標**を設定します。

- ブランドの知名度向上と企業価値を伝える
- 製品のオンライン販売を増やす
- 製品やサービスの説明、会社の沿革やビジョンの紹介、新着情報の発信、採用情報の提供　など

STEP.2　「ターゲット層」を考えよう

次に、そのWebサイトを誰が使うのか、**ターゲット**を明確にします。これには、ユーザーの年齢、性別、職業、興味などが含まれます。

- 30〜50歳のビジネスパーソン、企業の意思決定者、投資家、求職者
- 興味関心：技術革新、企業の社会的責任、ビジネスの成長戦略　など

STEP.3　「デザインの方向性」を考えよう

最後に、デザインやブランディングの方向性を決めます。これには、サイトのイメージや色使い、フォントのスタイル、レイアウトの構造など、視覚的要素全般が含まれます。

- モダンで信頼性のあるプロフェッショナルイメージ
- クリーンでミニマルなデザイン、シンプルなカラーパレット、視認性の高いフォント
- 技術革新、品質、信頼性、社会的責任の重要性を強調　など

Chapter 2 02 Webデザインの大まかな手順

Webデザインの流れをおさえましょう。サイトマップやワイヤーフレームでWebサイトの全体像を把握し、その上でデザインカンプの制作に取り組みます。

まずは、サイトマップとワイヤーフレームでサイトの全体像とページやレイアウトを明確にします。その上でWebデザインの主要な業務である「デザインカンプの作成」に取り掛かります。

01 サイトマップの作成

02 ワイヤーフレームの作成

03 デザインカンプの作成

Webデザイナーのメイン業務はなんといっても「デザインカンプの作成」です。

1 サイトマップの作成

サイトマップとは、**Webサイト全体の構造や階層を視覚的に表現したもの**です。サイトマップをつくることで**Webサイトの全体像を把握しやすくなり**、プロジェクトの進捗状況を追跡しやすくなります。

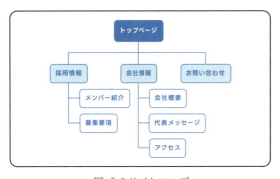
図式のサイトマップ

表形式のサイトマップ

図式のサイトマップは、ページの関係性を直感的に把握しやすいメリットがあります。一方、表形式のサイトマップは、URLや詳細情報など、多くの情報を同時に管理できるメリットがあります。

サイトマップをつくろう：P.104

2 ワイヤーフレームの作成

ワイヤーフレームとは、**簡略化されたレイアウトの図面やスケッチ**のことです。各ページの**基本的なレイアウトの決定**や、サイトに必要なコンテンツの配置を考えます。

デザインの細部や装飾を排除した単純な形状を作成し、Webページの基本的な構造を大まかに組み立てるのに役立ちます。

ワイヤーフレームをつくろう：P.106

3 デザインカンプの作成

デザインカンプは、Webサイトの最終的な外観やレイアウトを示す**イメージ図やプロトタイプ**のことです。Webページの完成イメージをクライアントやチームに示すために使用されます。

本書では、グラフィックとプロトタイプを制作できる「Figma（フィグマ）」というデザインツールを使用してデザインカンプのつくり方を学びます。

デザインカンプをつくろう：P.109〜

ヒント　すべてWebデザイナーの仕事なの？

Webデザイナーの役割はプロジェクトやチームの構成によって異なりますが、一般的にはサイトマップの作成やワイヤーフレームの作成もWebデザイナーの仕事に含まれることがよくあります。

しかし、まだ経験が少なく、かつ他のメンバーがいる場合には、チームメンバー全員で協力してサイトマップをつくっていくこともあります。もしくはクライアントに相談しながら、必要なページを決める方法もあります。

Chapter 2
03 ページレイアウトの種類を知ろう

Webサイトにはさまざまな種類のレイアウトがあります。それぞれのレイアウトの特徴を知り、Webサイトの目的やコンテンツに適したレイアウトを採用しましょう。

1 シングルカラムレイアウト

シングルカラムレイアウトは、1つのカラム（列）内にコンテンツを配置するレイアウト形式です。

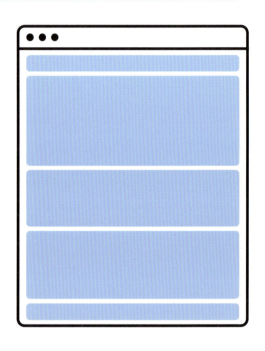

● シンプルで直感的

シンプルでクリアなデザインが特徴です。コンテンツが上から下へと順序立てられるため、情報の流れを自然に追うことができ、ユーザーが目的の情報を見つけやすくなります。

シンプルな行動設計をする必要がある**LP（ランディングページ）**は、シングルカラムであることがほとんどです。

● モバイルフレンドリー

1つのカラムが画面サイズに応じて**柔軟に調整される**（レスポンシブデザイン：P.268）ため、スマートフォンやタブレットなどのモバイルデバイスでの閲覧に適しています。

● デザインの自由度

1つのカラム内にコンテンツが収まるため、さまざまな要素の配置やスタイルを自由に調整することができます。シンプルかつ自由な表現をするデザインに最適です。

 デザインの統一感やシンプルさを強調するサイトに適したレイアウトです。

2 マルチカラムレイアウト

複数のカラム（列）を使用してコンテンツを配置するレイアウト形式です。

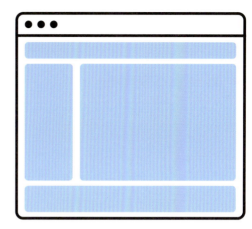

● 多様なコンテンツの配置

マルチカラムレイアウトは、複数のカラムを使用することで異なる種類のコンテンツを効果的に配置することができます。たとえば、**広告**、**関連コンテンツ**などをサイドバーに配置することが可能です。

● ナビゲーションの配置

ナビゲーションメニューを**サイドバーに常に表示させる**ことにより、ユーザーはどのページにいてもナビゲーションへのアクセスが容易になります。特に複雑なナビゲーション構造を持つWebサイトや、大規模なWebサイトに適しています。

3 フルスクリーンレイアウト

画面全体を占有するレイアウト形式です。

● インパクトと没入感

フルスクリーンは視覚的なインパクトが非常に大きいです。ユーザーがサイトを開いた瞬間から、全体的な**雰囲気やメッセージ**が強く伝わります。

また、周りのコンテンツが最小限に抑えられ、ユーザーは**コンテンツに集中**しやすくなります。

特徴的なレイアウトのため、企業サイトや情報量の多いサイトには不向きです。コンセプトを重要視するような**ブランドサイト**などに最適なレイアウト形式です。

> インパクトを出すために、ファーストビュー（最初に表示される部分）のみ、フルスクリーンレイアウトにするのもアリです！

4 グリッドレイアウト

コンテンツを規則的なグリッド内に配置することで、デザインの一貫性を保つレイアウト形式です。

● 統一感と効率性

コンテンツの配置や間隔を調整することで、Webサイト全体に統一感をもたらします。

事前に定義されたグリッドを使用することで、デザインプロセスが効率化され、**一貫性のあるデザイン**を迅速に作成することができます。

レスポンシブデザインとの相性も良く、デバイスサイズによって柔軟にレイアウトを切り替えられます。

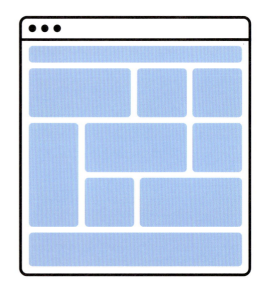

5 ブロークングリッドレイアウト

従来のグリッドシステムの枠組みから逸脱し、あえて**不規則な配置**や断片化されたパターンを用いてデザインされるレイアウトの形式です。

● 創造的な自由度

従来のグリッドに縛られないため、**創造的なレイアウト**を表現できる自由度があります。不規則な配置や断片化されたパターンを使用することで、新しいデザインのアプローチを可能にします。

ただし、不規則な配置や断片化されたパターンを使用するため、**デザインの複雑さ**が伴います。

適当に配置するだけでは、見栄えが悪くなってしまうため、コンテンツの配置やバランスを調整する際に**より高度なデザインスキル**が必要とされます。

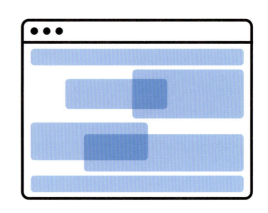

最初のうちは、スタンダードなシングルカラムやマルチカラムのレイアウトがオススメです。

Chapter 2 04 色の基本

色に関する基本的な知識を持つことで、効果的な色の組み合わせやバランスを選ぶことができます。適切な配色は、イメージを伝えたり特定の行動を促したりするのにも役立ちます。

1 色の三属性「色相・明度・彩度」

色の三属性とは、「**色相・明度・彩度**」からなる色の持つ性質のことです。配色において、これらの性質を意識しながら色を選んでいくことが重要です。

● 色相（Hue）

色相は、赤・黄・緑・青といった「**色味**」を示す属性です。

色相

● 明度（Brightness）

明度は、色の「**明るさ**」を示す属性です。明度が高いと、色は明るく白っぽくなり、明度が低いと色は暗く黒っぽく見えます。

低　　　　　　　　　　　　　　　　　高
明度

● 彩度（Saturation）

彩度は、色の「**鮮やかさ**」を示す属性です。彩度が高いと鮮やかで純粋な色に見え、彩度が低いと灰色が混ざったように淡くなります。

低　　　　　　　　　　　　　　　　　高
彩度

たとえば「青」という色でも、その明度や彩度によって無限に青色のバリエーションが生まれます。

2-04 色の基本　33

2 トーン（色調）

トーンとは色調のことで、3つの属性のうち**「彩度と明度」**が同じ色をグループ化したものです。トーンを調整することで、配色を調和させたり、特定の要素を強調したりすることができます。

たとえばペールトーンは、明度が高く彩度が低い色を指し、色味が薄く、柔らかい印象を与えます。一方、ビビッドトーンは、高い明度と彩度により、強く鮮やかな色合いを持ち、目立つという特徴があります。

色の組み合わせがしっくりこないときは、トーンを合わせることを意識してみましょう！

3 色の系統「暖色・寒色・中性色」

色の系統は大きく分けて「**暖色・寒色・中性色**」の3つに分けられます。これらの系統は、色彩理論や色彩心理学に基づいており、色の特性や効果を理解し、色の選択や配色に活かすことができます。

- **暖色** 赤、オレンジ、黄色など、暖かみや活気を感じさせる色相が含まれます。これらの色は、太陽の光や炎のような温かいイメージを想起させ、**エネルギッシュで明るい印象**を与えます。

- **寒色** 青、青緑、青紫など、涼しさや静けさを感じさせる色相が含まれます。これらの色は、水や氷のような冷たいイメージを想起させ、**穏やかで落ち着いた印象**を与えます。

- **中性色** 緑や紫など、暖色と寒色どちらにも属さない色相が含まれます。暖色や寒色との組み合わせにおいて、中立的な役割を果たし、色彩の**バランスを保ちます**。

> **豆知識** 無彩色（むさいしょく）とは？
>
> 無彩色とは、色相と彩度がなく、明度のみで表現される色を指します。白や黒、灰色などが含まれ、他の色との組み合わせや調和を取るのに使われます。

4 色相環（しきそうかん）から補色を探そう

色相環を使うと、色彩の関係や組み合わせを直感的に理解でき、色選びがしやすくなります。

● 色相環（しきそうかん）とは？

色相環は、色相を丸い輪の形に配置した図で、特定の色相が他の色相と**どのように関連しているか**を示しています。

色相環を使って、次に説明する補色やトライアド配色を探してみましょう！

● 補色

補色は、色相環上で互いに**反対側に位置する色の組み合わせ**です。具体的には、赤と緑、青とオレンジ、黄色と紫などが補色の例です。

これらの色を組み合わせることで、**色彩の対比を強調し、メリハリがついたバランス**の取れたデザインをつくることができます。

● トライアド配色

色相環上で互いに120度ずつ離れた**3つの色**を組み合わせる配色方法です。これらの色相は、色相環を三角形で結んでいるため、トライアド配色と呼ばれます。

色相環で正三角形の配置を取る色は、バランスが良く**安定感のある配色**となります。

はじめのうちは、色相環を参考に色の組み合わせを考えてみましょう。

5 色が与えるイメージ

色は心理や感情に強い影響を与えることがあります。色を効果的に利用するために、それぞれの色が持つ印象を確認しましょう。

赤 　情熱、エネルギー、愛情、力強さ、危険、興奮
エネルギーや緊急性を感じさせ、広告やセールの表示に使用されることが多い。

青 　平和、冷静、信頼、安定、クール、清潔
信頼や誠実さを感じさせる。銀行や企業のロゴに使用されることが多い。

黄 　明るさ、喜び、活力、創造性、楽観主義
注意を引く色でもあり、警告標識などに使用されることが多い。子供向けにも。

緑 　自然、平和、成長、調和、安心感
自然や健康を感じさせる。環境関連・健康食品に使用されることが多い。

橙（だいだい） 　活力、温かさ、友情、陽気さ、元気
元気や熱意、創造性を感じさせる。親しみやすさや活発さも連想させる。

紫 　王権、豪華さ、神秘、精神的な成長、創造性
高貴、神秘、創造性を感じさせる。贅沢や優雅さも連想させる。

ピンク 　優しさ、愛情、幸福、ロマンス、希望
優しさや愛情を感じさせる。女性らしさやロマンチックな印象を与える。

茶 　安定、温かさ、信頼性、地道な努力
安定、信頼、安心感を感じさせる。自然や地球を連想させる。

グレー 　中立性、平穏、冷静さ、控えめさ、無色
中立、バランス、落ち着きを感じさせる。一方で、無感情や退屈さも。

白 　純潔、清潔さ、無垢さ、平和、純粋さ、新しい始まり
純粋さ、清潔さ、シンプルさを感じさせる。広がりや新しさも連想させる。

黒 　力強さ、厳格さ、謎めいた雰囲気、高級感、秘密
高級感や力強さを感じさせる。プロフェッショナルでフォーマルな印象も。

色が与えるイメージは、国や地域によって異なることがあります。
海外向けサイトを作成する際は、その国の文化や色彩感覚を十分に考慮しましょう。

6　Webサイトの色ってどうやって決めるの?

Webサイトの色選びは、**サイトのイメージを左右する重要な要素の1つ**です。色選びの基本ルールやコツなどを踏まえて、Webサイトに必要な「**3つの主要なカラー**」を選びましょう。

● メインカラーを「ブランド」から決める

メインカラーは、サイトの印象を決める**最も重要な色**です。重要な領域で使用され、**ブランドのイメージを反映**します。

企業やサービスなどのロゴがある場合は、**ロゴに使用している色**を選ぶのが無難です。ブランドカラーがない場合は、「色が与えるイメージ (P.36)」を参考にイメージに合った色を選びましょう。

> **POINT　明度が低い色を選ぼう!**
>
> 「明度が低い色」とは、**黒に近い濃い色**です。明度が高い色に比べて、背景や他の要素との対比がしやすく、文字やアイコンをより目立たせることができます。メインカラー選びに迷った際は、**明度が低い色を選ぶのが無難**です。

● ベースカラーを「雰囲気」から決める

ベースカラーは背景などに使用し、全体の雰囲気を決定します。一般的には、**白やグレーなどの無彩色**を選ぶことが多いです。実際にメインカラーと重ねてみて、**色の対比がはっきりとしているか**確認しながら選びましょう。

● アクセントカラーを「補色・トライアド配色」から決める

アクセントカラーは、ボタンやハイライトなどの特定の要素に使用され、デザインに**アクセントや目立たせる効果**を加えます。メリハリをつけるために使用するので、**メインカラーの補色やトライアド配色**からアクセントになるような色を選んでみましょう。

> **POINT** 最後にトーンを合わせよう
>
> 選んだ色同士の「トーン」が合っていないと、デザインに一貫性がなくなり、チグハグな印象を与える可能性があります。そのため、選んだ色のトーン（彩度と明度）を再度確認してみましょう！

7 70:25:5の法則

Webサイトの配色には「**70:25:5の法則**」がよく使用されます。これは、ベースカラーを全体の70%、メインカラーを25%、アクセントカラーを5%にするとバランスの取れた配色になるという法則です。

> この割合を厳格に守る必要はないので、大体の感覚で意識しておきましょう。

8 16進数カラーコード（HEX）とは？

Webデザインやグラフィックデザインで**色を表すために使用されるコード**です。このコードは、赤（Red）、緑（Green）、青（Blue）の3つの色の強度を16進数で表したもので、各色が0から255の範囲の値を持ち、16進数では00からFFで表されます。

> Webデザインでは、基本的にこの16進数カラーコードで色を指定します。白や黒などの簡単なカラーコード以外のカラーコードは基本的に覚える必要はありません。ちなみに #FFCC00 など、同じ数字がペアで繰り返される場合は #FC0 のように省略できます。

Chapter 2 05 タイポグラフィ

文字のスタイル、大きさ、色、配置などが、テキストの読みやすさや見栄えに影響を与えます。

1 タイポグラフィとは？

タイポグラフィ(Typography) とは、**文字を読みやすくしたり、キレイに並べたりする手法**のことです。

フォントの種類、文字の間隔、行間、行の長さ、文字サイズなどを調整し、読みやすさや視覚的な効果を最大限に引き出します。

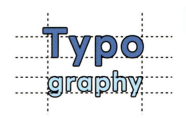

2 和文フォントとは？

和文フォントは、**日本語を含むテキストを表示するためのフォント**です。和文フォントは、漢字、ひらがな、カタカナ、英数字が含まれ、日本語の読みやすさや美しさを重視してデザインされています。

和文フォントには、主に「**ゴシック体**」と「**明朝体**」の2種類があります。

● ゴシック体

ゴシック体は、日本語の横書きやデジタル表示に一般的に使用されるフォントスタイルです。**文字の末尾や角にウロコ（小さい装飾）はありません。**
主にWebページや広告、ポスター、パンフレットなど、視覚的に強調する必要があるテキストに使用されます。

● 明朝体

明朝体は、日本語の縦書きや印刷物で一般的に使用されるフォントスタイルです。**文字の末尾や角にウロコがある**のが特徴です。
主に本や新聞などの文章や、フォーマルな場面で使用されることが多いです。

読みやすさや視認性に優れたゴシック体はWebサイトの定番！　一方の明朝体は、手書きの風合いにより柔らかな印象がありますが、デザインの難易度は高めです。

3 欧文フォントとは？

欧文フォントは、主に英語や他のヨーロッパの言語で使用されるフォントです。これらのフォントは、アルファベットやラテン文字、一部の特殊文字を含んでいます。

欧文フォントは主に、「**サンセリフ体**」と「**セリフ体**」の2種類が主流です。

● サンセリフ体

サンセリフ体は、セリフ（小さい装飾）のないフォントを指します。つまり、文字の末尾や角に装飾や突起がないものです。**和文フォントのゴシック体に相当**します。

サンセリフ体は、特に**デジタルメディアや画面表示**において、読みやすさや視認性の面で有利とされています。特に小さいサイズや低解像度の環境で、セリフ体よりも読みやすいと感じる人が多いです。

● セリフ体

セリフ体は、セリフのあるフォントです。**和文フォントの明朝体に相当**します。
セリフがついていることで、文字が連結され、読みやすさが向上するとされ、特に長文や印刷物において、セリフを持つフォントがしばしば使用されます。

> **豆知識** **欧文フォントは他にも種類がたくさん**
>
> 欧文フォントの種類には、他にもスラブセリフ体やスクリプト体、デコラティブ体など多数あります。
>
>
> スラブセリフ体　スクリプト体　デコラティブ体

4 日本語は和文フォント、英字は欧文フォントを使おう

和文フォントでも英字を表示することができますが、和文フォントの英数字は読みやすさを優先してデザインされているため、欧文フォントに比べて**美しさやデザイン性で劣る**ことがあります。

そのため、英字や数字を表示する際には欧文フォントを使用するのが最適です。特にキャッチコピーなど、大きく表示されるフォントの選定は慎重に行いましょう。

5 フォントの選び方

● 明朝体・ゴシック体・セリフ体・サンセリフ体

どのフォントが適切かは、**デザインのコンセプトや使用目的**によって異なります。
一般的には、印刷物や長文の文章では明朝体やセリフ体が使われ、デジタルメディアや見出し、ポスターなどではゴシック体やサンセリフ体を使うことが多い傾向にあります。

● 視認性・可読性・判読性を確認しよう！

・視認性

文字の認識のしやすさのことです。ゴシック体・サンセリフ体は線の太さが均一のため、視認性が高く、キャッチコピーや見出しに使用されることが多いです。

・可読性

テキストの読みやすさのことです。可読性が高いと、長文でも疲れずに読み進めることができます。一般的に印刷物では明朝体、スクリーンではセリフ体の可読性が高いといわれています。

・判読性

文字の区別がつきやすいかということです。英語のO（オー）と数字の0（ゼロ）、英語大文字のI（アイ）と小文字のl（エル）など、文字の形が似ていると、文字を誤読する可能性が高くなります。

● 迷ったらシンプルな定番フォントを選ぼう！

フォント選びは重要ですが、数多くのフォントが存在し、どれを使えばいいか迷うこともあるでしょう。そんなときには、シンプルでありながら確立された定番フォントを選んでみましょう。

無料で使える定番フォントは、P.45〜46で紹介しています。

6 「Webフォント」を使おう！

● Webフォントって何？

Webフォントは、「**Webページ上で使用されるために設計されたフォント**」のことです。

従来のWebページでは、ユーザーのパソコン内のフォント（デバイスフォント）が使用されていたため、特定のフォントがない場合はデザインが崩れることがありました。

Webフォントはこの問題を解決し、フォントをWebページに埋め込むことを可能にします。

デバイスフォント
異なるフォントが表示される可能性がある

Webフォント
どのデバイスでも同じフォントが表示される

● どうやって使うの？

まずは、**無料のWebフォントサービス**を利用しましょう。

HTMLやCSSコード内でフォントファイルを指定するだけで、簡単にWebフォントを導入することが可能です。

Webフォントサービス

Webフォントの読み込み

Webフォントの表示指定

> 自分でフォントをアップロードする方法もありますが、導入が少し難しいので、Webフォントサービスがオススメです。

● 無料のWebフォント「Google Fonts（グーグルフォント）」

Google Fonts（グーグルフォント）は、**無料で利用できるWebフォント**です。さまざまなスタイルや言語に対応した**千種類以上**のフォントが提供されています。

導入も簡単なので、まずはGoogle Fontsから選んで使ってみましょう。

Google Fonts

> Google Fontsの詳しい使い方はP.191で解説しています！

7 タイポグラフィの基本ルールとテクニック

タイポグラフィの目的である「**文字を読みやすくしたり、キレイに並べたりする**」を実現するための基本的なルールやテクニックを紹介します。

● 文字の縦横比を変えない

文字の縦横比を変えると、文字が歪んで見えたり、**読みにくさにつながります**。また、文字の縦横比が変わると、デザイン全体の視覚的なバランスが失われ、**不自然な印象**を与えてしまいます。

| × | デザイン |
| ○ | デザイン |

● 英数字は欧文フォントを使う

和文フォントの英数字は、欧文フォントに比べて**美しさやデザイン性で劣る**場合があります。そのため、英字や数字の表現は欧文フォントの使用が最適です。

| × | 100円 |
| ○ | 100円 |

● フォントの種類を使いすぎない

フォントの種類は多くても3つまでが原則です。それ以上の種類を使うと、全体の統一感が損なわれ、読み手に混乱を与える可能性があります。

| × | Webデザイン学習スクール |

Webサイトではフォント数が多いと読み込みに時間がかかってしまうデメリットもあるため、基本的には**和文フォント1つ**、**欧文フォント1つ**を使用します。

● 文字の間隔を調整する（カーニング・トラッキング）

文字と文字の間隔を微調整する「**カーニング**」や、テキスト全体の文字間隔を調整する「**トラッキング**」を行い、文字の間隔を均等で自然な見え方にします。

適度に文字の間隔を広げることで、**ゆとりのあるデザイン**につながり、読みやすさが向上します。

| × | ウェブデザイン学習 |
| ○ | ウェブデザイン学習 |

● 適度な行間を与える

適度な行間は、テキストの**読みやすさや視認性を向上させる**ために重要です。推奨される行間の範囲は150%から200%の間が一般的です。

● 1行の文字数を多くしすぎない

1行の文字数が多すぎると、読み手が文章を追いにくくなり、**目が疲れやすく**なります。一般的に、1行あたりの文字数は30〜50字が適切とされています。

● サイズや太さで強弱をつける（重要なワードは強調する）

文字のサイズや太さを変えることで、タイトルや本文内の**特定の単語やフレーズを強調する**ことができます。重要なワードやキーフレーズを目立たせることで、ユーザーの注意を引きつけ、**コンテンツの理解や興味の促進**につながります。

● 単位は小さくする

単位の文字サイズを小さくすることで、**数字が目に入りやすく**なり、結果として読みやすさにつながります。
ただし、文字サイズを小さくしすぎると、逆に読みづらさにつながる可能性があるため、適切なバランスを保つようにしましょう。

● 色選びを適切に

テキストと背景のコントラストは、特に読みやすさに大きな影響を与えます。
明るい色のテキストは、暗い背景に配置すると目立ちます。逆もまた然りです。適切なコントラストを保つことで、テキストを読みやすくすることができます。

8　有名な和文フォント（Google Fonts）

● Noto Sans Japanese ／ Noto Serif Japanese

クセがなくとても使い勝手の良い**スタンダードなフォント**です。可読性が高く、太さの数も豊富に用意されていて、スマートフォンなどのモバイルデバイスでも読みやすいようにデザインされています。

Noto Sans Japanese
あいうえお アイウエオ

Noto Serif Japanese
あいうえお アイウエオ

● M PLUs 1p ／ M PLUS Rounded 1c

ふところが広く（文字のスペースを大きく使用している）**おおらかな印象**を受けるフォントです。M PLUS Rounded 1cは丸ゴシックフォントで、**優しさや親しみやすさ**を感じられるデザインにぴったりです。

M PLUS 1p
あいうえお アイウエオ

M PLUS Rounded 1c
あいうえお アイウエオ

● BIZ UDPGothic ／ BIZ UDPMincho

ユニバーサルデザインフォント（UDフォント）は、**可読性や視認性が高い**のが特徴です。教育やビジネス文書などに活用でき、タイトルや文章どちらにも読みやすいように設計されています。

BIZ UDPGothic
あいうえお アイウエオ

BIZ UDPMincho
あいうえお アイウエオ

豆知識　　**日本語フォントは少ない！？**

日本語のフォントは、漢字、ひらがな、カタカナなどの文字セットをカバーする必要があります。特に、漢字の数が非常に多いため、それらすべてをカバーするためには膨大な作業が必要です。

そのため、欧文フォントに比べて和文（日本語）フォントの種類はとても少ないのです。

2-05　タイポグラフィ　　45

9 有名な欧文フォント（Google Fonts）

● Roboto（ロボト）

クセがなく、モダンな印象を与えてくれるフォントです。均等な幅やシンプルな曲線によって視認性が高く、**どんなデザインにも使いやすい**のが特徴です。

Roboto
ABCDEFG 1234567

● Montserrat（モンセラート）

幅が広めで**安定感のある**フォントです。シンプルでモダンな印象で、整然とした文字形状がクリーンな印象を与えます。太さの数が多く用意されている点も使いやすいポイントです。

Montserrat
ABCDEFG 1234567

● Lato（ラト）

シンプルでモダンですが、同時に柔らかさや温かい印象も兼ね備えているフォントです。可読性も高く、**真面目だけど親しみやすい雰囲気**のデザインに最適です。

Lato
ABCDEFG 123450

● Open Sans（オープン・サンス）

シンプルで**可読性に優れ**ています。欧文フォントの王様といわれる「Helvetica（ヘルベチカ）」の代用として使われるケースが多く、とても汎用性の高いフォントです。

Open Sans
ABCDEFG 123450

● Quicksand（クイックサンド）

丸みがあり、可愛らしさや楽しさを演出できるフォントです。親しみやすく、柔らかい印象を与えるため、**カジュアルでポップ**なサイトのタイトルなどに最適です。

Quicksand
ABCDEFG 123450

● Poppins（ポピンズ）

ポップでエネルギッシュな印象を与えてくれるフォント。**明るく賑やかな印象**のデザインにぴったりです。文字がクリアで読みやすく、クセがなくて使いやすいのも特徴です。

Poppins
ABCDEFG 123450

Chapter 2 — 06

「デザインの4原則」を覚えよう

デザインの基本でありながら、デザインの質を簡単に高めることができるルールです。この原則を知っておくだけでデザイン初心者から抜け出せるので、必ず覚えましょう。

●「デザインの4原則」って何？

「デザインの4原則」とは、デザインには欠かせない「**4つの基本ルール**」です。

近接・整列・反復・対比の原則があり、情報を整理し、デザインをより効果的かつ魅力的にするための指針として広く使用されています。

デザインの4原則

| 1 近接 | 2 整列 | 3 反復 | 4 対比 |

1 近接

近接の原則は、**関連する要素を近くに配置すること**を指します。

要素同士を近くに配置するとグループ化され、関連性を視覚的に強調することができます。近接を活用することで、ユーザーが情報のまとまりを理解しやすくなります。

エスプレッソ　カプチーノ　マキアート

エスプレッソ　カプチーノ　マキアート

カフェラテ　カフェ・モカ　アメリカーノ

カフェラテ　カフェ・モカ　アメリカーノ

2 整列

整列の原則は、**要素を均等に配置すること**を指します。

要素が整然と配置されると、デザインが整い、全体的な読みやすさにつながります。整列によって視覚的な秩序が生まれ、ユーザーが情報を簡単に視認できるようになります。

2-06 「デザインの4原則」を覚えよう　47

3 反復

反復の原則は、デザイン内で**パターンや要素を繰り返すこと**を指します。

反復によって統一感が生まれ、視覚的な一貫性が確保されます。また、反復はブランドのアイデンティティを強化し、ユーザーに対して覚えやすい印象を与えます。

モダンカフェ
シンプルで洗練されたデザインのカフェです。明るい色合いやクリーンなラインが特徴で、スタイリッシュな雰囲気を楽しめます。

ビンテージカフェ
懐かしさを感じる古い家具や装飾が特徴のカフェです。温かみのあるレトロな雰囲気で、居心地の良い空間を提供しています。

ナチュラルカフェ
木材や植物を多く使った、自然を感じるカフェです。居心地の良い空間が特徴で、オーガニックやヘルシーなメニューを提供しています。

≫

モダンカフェ
シンプルで洗練されたデザインのカフェです。明るい色合いやクリーンなラインが特徴で、スタイリッシュな雰囲気を楽しめます。

ビンテージカフェ
懐かしさを感じる古い家具や装飾が特徴のカフェです。温かみのあるレトロな雰囲気で、居心地の良い空間を提供しています。

ナチュラルカフェ
木材や植物を多く使った、自然を感じるカフェです。居心地の良い空間が特徴で、オーガニックやヘルシーなメニューを提供しています。

4 対比

対比の原則は、異なる要素や要素の間に**明確な違いをつけること**を指します。

色やサイズ、形などの要素を対比させることで、重要な情報を際立たせたり、ユーザーの注意を引きつけたりする効果があります。

SALE
MAX 70% OFF
2025/01/01 ~
01/10

≫

POINT　4つの原則を常に意識してみよう

「デザインの4原則」を意識することで、レイアウトづくりや色選びをスムーズに行えるようになります。
普段から、街中にあるポスターや駅の広告などを眺めて、**4つの原則を探してみる**のもオススメです。

 駅の広告　　街中にあるポスター　 アプリやWebサイト

 ふと目に留まったデザインの良い点や改善点を探してみましょう！

Chapter 3

デザイン編

デザインツール 「Figma」の基本

デザインカンプを作成するためのツールはいくつかありますが、本書では特に使いやすい「Figma(フィグマ)」の使い方を解説していきます。Figmaは無料で使えるデザインツールで、単にコンセプト画像を作成するだけでなく、実際に動くWebサイトのプロトタイプを作成できる点も魅力の1つです。

> PhotoshopやIllustratorなどのツールを使わなくても、FigmaがあればWebデザインが可能です！

Chapter 3 01 Figmaの基本

デザインツール「Figma」の基本的な使い方を学習して、デザインアイデアをアウトプットするスキルを身につけましょう！　まずは、Figmaの役割から解説します。

1 Figmaって何？

Figma（フィグマ）は、Webサイトやアプリケーションのデザインやプロトタイプ制作ができる**デザインツール**です。

Webデザイン（デザインカンプの作成）をはじめ、プロトタイプ（擬似的にWebサイトの動きや動線を再現）の作成や、デザインの共同編集、URL共有などが可能です。

以前はAdobe XDが主流でしたが、近年ではFigmaのリアルタイム共同編集機能やクラウドベースの使いやすさが評価され、主流ツールとして広く利用されています。

2 Figmaで何ができる？

● デザインカンプをつくれる

「**デザインカンプ**」とは、Webサイトの「完成見本」のことです。

制作するWebサイトのレイアウトや見た目を具体的に示すために、Webデザイナーはデザインカンプと呼ばれるグラフィックを作成します。

このデザインカンプは、クライアントへの提案や開発メンバーとの意思疎通に役立ちます。

Figmaは、デザインカンプを作成するのに特化したデザインツールといえます。

● プロトタイプをつくれる

プロトタイプとは、ページ遷移やマウスオーバーの動きを再現した「**擬似的な Web サイト**」のことです。

デザインカンプは画像として書き出されたもの（もしくは書き出す前のデータ）が一般的ですが、プロトタイプは「**動くデザインカンプ**」のようなもので、より実際のWebサイトに近い**動きを持った完成見本**です。

画像だけでは説明しにくい動きの部分は、プロトタイプで表現することができます。

 動きによってサイトの印象は大きく変わるので、そこもWebデザイナーとして設計する必要があります。

● URL共有ができる

Figmaは、デザインカンプやプロトタイプをURLで共有することができます。クライアントへデザインの確認をしてもらいたいときなど、URLを共有するだけで簡単にデザインをシェアできます。

また、共有したURLのデザインはリアルタイムで変更が反映されるので、一度共有してしまえばそれ以降の修正確認も同じURLで確認してもらうことができます。

● コーディングにも最適

Figmaで作成したデザインカンプやプロトタイプをもとに、コーディング作業（HTML/CSSコードでの実装）を円滑に行うことができます。

画像の書き出しや、フォント情報、余白の大きさ、カラー情報などを確認できるため、コーディングに活用することができます。

Chapter 3 02

Figmaを使い始める準備をしよう

▼ 動画レッスン

ここではFigmaを使い始めるための準備や、基本的な画面の見方を確認しましょう。

1 Figmaのアカウントをつくろう

● アカウントの作成

STEP.1 サイトにアクセス

Figma公式サイトにアクセスして、画面右上にある❶「**無料で始める**」ボタンをクリックします。
https://www.figma.com/ja-jp/

STEP.2 アカウントの作成

アカウント作成のモーダルが表示されるので、お手持ちのGoogleアカウント、もしくはメールアドレスとパスワードを入力します。

STEP.3 基本情報の入力

質問形式で、名前や用途などの情報を入力・選択します。スキップすることも可能です。

● ホーム画面に移動する

アカウントが作成されると、サンプルのデザインファイルが開きます。まずは、一旦ホーム画面に移動しましょう。

ブラウザの場合は「左上のFigmaマーク」→「ファイルに戻る」、デスクトップアプリの場合は「左上のホームアイコン」をクリックします。

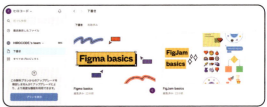

> **POINT** **Figmaはインストール不要でブラウザで作業できる！**
>
> Figmaはアプリのインストール不要で、**ブラウザ上でデザイン制作**を行うことができます。ちなみにデスクトップ版（インストール版）も用意されています。(https://www.figma.com/ ja-jp/downloads/)
>
> ブラウザ版とデスクトップ版の違いはほとんどありませんが、デスクトップ版の方がオフラインでも使用ができる他、動作が比較的スムーズです。また、ブラウザ版とデスクトップ版を併用してもファイルは常に同期されます。

2 Figmaをセットアップしよう

● 表示言語を日本語に変更する

画面右下の❶「はてなマーク」のアイコンから、一番下の「Change language…」をクリックします。

続いて、選択肢の❷「日本語」を選択して、右下の❸「Save」ボタンをクリックします。

● ブラウザ版Figmaで「ローカルフォント」を使用する

ブラウザ版Figmaで、パソコンにインストールされているフォントを使用する場合は「フォントインストーラー」をインストールする必要があります。

STEP.1 ダウンロードページにアクセス

「Figmaのダウンロード」ページにアクセスします。

STEP.2 インストーラーをダウンロード

ご自身のOSに合わせて、❶「macOSインストーラー」もしくは❷「Windowsインストーラー」をダウンロードします。

STEP.3 インストール

インストーラーをダブルクリックして起動し、指示にしたがってインストールを行います。

https://www.figma.com/ ja-jp/downloads/

3 ホーム画面（ファイルブラウザ）の構成を知ろう

ホーム画面（ファイルブラウザ）は、figmaのデザインファイルやプロジェクトを管理する画面です。まずはホーム画面の構成を把握しましょう。

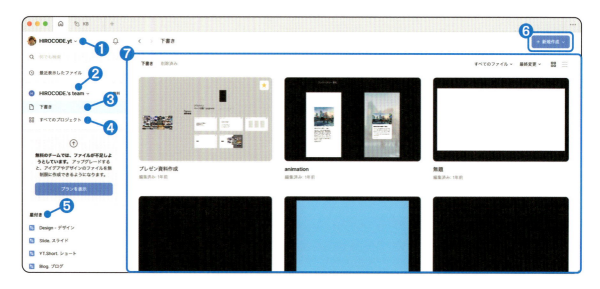

❶ アカウントの概要
プロフィール写真の変更、アカウントの変更、各種設定などが行えます。

❷ チーム
チームを管理する場所です。ここからチームを切り替えることができます。

❸ 下書き（自分のチーム）
下書きのファイルを管理する場所です。ここを選択することで、右のエリアに「下書きファイル（Draft）」の一覧が表示されます。

❹ すべてのプロジェクト
プロジェクトを管理する場所です。

❺ 星付き（お気に入りのファイル）
デザインファイルにマウスを合わせると、右上に星マークが表示されます。星マークをクリックしてお気に入り登録したファイルは、ここで一覧表示されます。

❻ トップバー
「デザインファイル」や「FigJamボード」を作成したり、「インポート」からは「.fig」形式のファイルをインポートすることができます。

❼ ファイルの一覧
作成したデザインファイルがこのエリアに一覧で表示されます。サイドバーで項目を切り替えることで表示する形式を切り替えることができます。

 この辺りは使っていくうちに、徐々に理解できるようになります！

4 Figmaのファイル構造を理解しよう

Figmaのファイルは、次のような構造になっています。

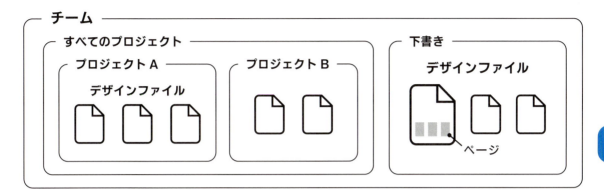

- **チーム**　「チーム」は一番大きなくくりで、複数のチームを作成できます。チーム内には**複数のプロジェクトを作成**でき、チームに他のユーザーを招待して、チーム内のプロジェクトを共同編集・閲覧することができます。

- **プロジェクト**　A社のサイト制作を行うプロジェクト、B社のサイト制作を行うプロジェクト……というように、**用途によってプロジェクトを分けて管理**することができます。

  プロジェクト内には複数のファイルを作成でき、プロジェクトに他のユーザーを招待することで、中のファイルを共同編集・閲覧することができます。

- **ファイル**　ファイルは「デザインファイル」「FigJamボード」の2種類があり、デザイン制作には「**デザインファイル**」を使用します。ファイルに他のユーザーを招待して、ファイルの共同編集・閲覧が可能です。

- **ページ**　デザインファイル内には**複数のページを作成**することができます。

  1つのページに複数の画面デザインを作成でき、「PCサイズのデザインをつくるページ」「ロゴやカラーを管理するページ」のように、ページを分けてデザインを管理できます。

プロジェクトは、主に有料プラン向けの機能なので、使う機会は少ないかもしれません。ファイル、ページと、次のページの「**下書き**」の関係性は理解しておきましょう！

3-02 Figmaを使い始める準備をしよう　55

● 下書き（自分のチーム）

下書きは、自分だけが編集できるファイルを管理するスペースです。下書き内のファイルは**共同編集ができない**ため（閲覧の共有は可能）、共同編集する場合は、ファイルをプロジェクトに移動する必要があります。

下書きは、無料プランでも**ページ数の制限がない**ため、個人利用の場合は下書き内にデザインファイルを作成して作業するのがオススメです。

5 無料プラン・有料プランの違い

Figmaには複数の料金プランがあり、無料のStarterプラン、有料のProfessionalプラン・Businessプラン・Enterpriseプラン、の計4つのプランが用意されています。

無料プランは個人や**小規模なチーム**向け、有料プランは比較的**大規模なチーム向け**と考えていいです。

● 無料プラン（スタータープラン）の主な機能制限

無料プランでは、いくつかの**機能制限**が設けられています。しかし、「**こういうデザインがつくれないように制限されている**」といったような、デザイン制作に関する制限はほとんどありません。

制限される機能
- ❌ チーム内のプロジェクト数は3つまで
- ❌ プロジェクト内のデザインファイル数は3つまで
- ❌ デザインファイル内のページ数は3つまで

共同編集が不要な場合は、ファイル数やページ数の制限がない「下書き」にデザインファイルを作成して作業するのがオススメです。

● 有料プランに加入するメリット

有料プランでは上記プロジェクト数やファイル数の制限がないことに加え、いくつかの機能が使えるようになります。

有料プランのメリット
- ✅ プロトタイプに動画の埋め込みが可能
- ✅ 変数を使った複雑なでデザイン制作が可能に
- ✅ 開発モードを使用して、開発をより便利に

個人利用の場合は「下書き」、少人数チームは「無料プランのチーム」、大規模なチームは「有料プランのチーム」で作業するイメージです。

6 デザインファイルを作成しよう

まずは、「**下書き**」の中に「デザインファイル」を作成してみましょう。

STEP.1 下書きを選択
左サイドバーの❶下書きを選択します。

STEP.2 デザインファイルの作成
画面右上にある❷「+新規作成」ボタン→❸「デザインファイル」をクリックします。すると、ファイルの作成と同時に編集ページが開きます。

STEP.3 ファイル名の変更
左サイドバーにあるファイル名❹「無題」をクリックすると、ファイル名を変更できます。

豆知識 デザインファイルは自動保存される

ファイルは「自動保存」されるため、「保存」の操作は必要ありません。ただし、ネット接続が途切れた場合、一時的にオフラインで作業できますが、再接続されるまでファイルがクラウドに保存されないため、再接続時に変更が同期されることを確認しましょう。

POINT バージョン履歴でファイルを以前の状態に戻す

Figmaには「バージョン履歴」という自動バックアップのような機能があります。

ファイル名の右側の下矢印アイコンから「バージョン履歴を表示」をクリックすると、履歴の一覧が表示され、過去の状態の閲覧や、その状態を適用することも可能です。

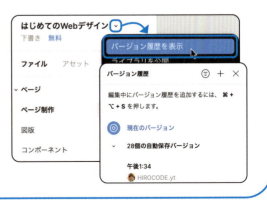

Chapter 3
03 デザインファイルの画面構成と基本操作

デザインファイル内で実際にデザインの作成作業を行います。まずは、大まかなエリアと基本的な操作を覚えましょう。

1 デザインファイルの画面の構成を知ろう

● **デザイン作業画面の構成**

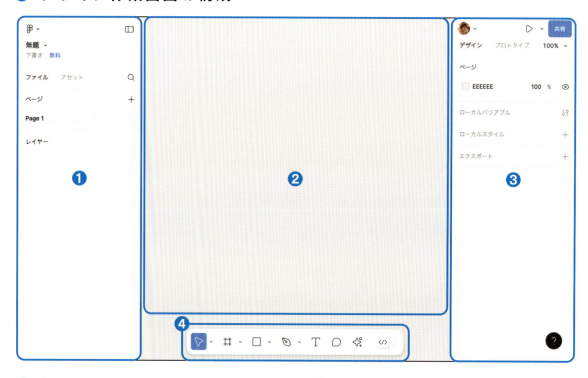

❶ 左サイドバー
レイヤーの管理やページの管理を行います。

❷ キャンバス
画面中央に位置する大きなエリアで、ここにオブジェクト（レイヤー）を配置してデザインを作成します。

❸ 右サイドバー
オブジェクトの詳細情報を確認する「プロパティパネル」の表示やプロトタイプの管理を行います。

❹ ツールバー
画面上部に位置するエリアで、デザインツールの切り替えや、URL共有などを行います。

📎 **MEMO**

Figmaはインターフェース（操作画面）の更新が頻繁に行われるため、画面表示が本書のスクリーンショットと異なる場合があります。その際は最新のFigmaの仕様に合わせて操作をお試しください。

2 キャンバスの表示操作を覚えよう

「**キャンバス**」はデザインを作成するエリアで、ここに図形やテキストを配置してデザイン制作を行います。

現在表示されている部分はほんの一部で、実際は上下左右に**広大な大きさ**があります。

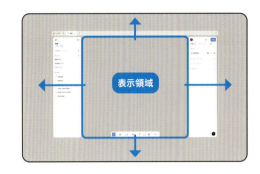

実は、隠れている部分がほとんど！

● キャンバス内を移動する

キャンバス内を上下左右に移動することで、広範囲のエリアを使用してデザイン作業が行えます。

・トラックパッド

2本の指で上下左右にスライドすることで、キャンバス内を移動できます。

・マウス

スペースキーを押したままクリック＆ドラッグすることで、キャンバス内を移動できます。

● キャンバスを拡大縮小表示する

画面表示の縮尺を自由に変更して、デザインの詳細や全体を確認します。

・トラックパッド

2本の指をつまむ操作（ピンチイン）で画面を縮小し、2本の指を広げる操作（ピンチアウト）で画面を拡大します。

・マウス

⌘（command）/Ctrl を押しながら上へスクロールすると画面が縮小し、下へスクロールすると画面が拡大します（マウスの設定によっては挙動が逆になります）。

豆知識　キャンバスの色を変更しよう

キャンバスの背景色は、右サイドバーのプロパティパネルにある「ページ」項目で自由に変更することができます。

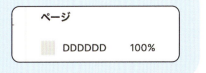

Chapter 3
04 シェイプツールで図形をつくってみよう

デザイン制作の基本となる図形の作成方法や編集の仕方を学びましょう。

1 シェイプツールとは？

シェイプツールは、四角や丸、線といったいろいろなシェイプ（図形）をつくれるツールの総称です。

「長方形ツール」や「楕円ツール」など、作成する図形ごとに各種ツールが用意されています。

背景にシェイプを敷いてエリアを設けたり、装飾を作成する際にもよく使うツールです。

2 長方形ツールで「四角形」をつくる

長方形ツールは「四角形」を作成できるツールです。
背景色をつけたり、枠線を設定することができます。

ショートカットキー
Mac・Win：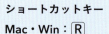

● **シングルクリックで作成**

長方形ツールを選択した状態で、キャンバス上でクリックすると、**100×100pxの四角いシェイプ**を作成できます。

● **クリックしてドラッグで作成**

キャンバス上でクリックしたままドラッグすることで、**自由なサイズの四角形**を作成できます。

また、 shift キーを押しながらドラッグすることで、正方形を作成することができます。

3 四角形の「サイズ」を変更する

● 直感的にサイズ変更

作成した四角形を選択すると、シェイプの各角にハンドルが表示されます。このハンドルをクリックしたままドラッグすると、シェイプのサイズが変更できます。

● 数値を指定してサイズ変更

四角形を選択した状態で、画面右サイドバーのプロパティパネルにシェイプのサイズ情報が表示されます。

ここの❶「W（横幅）」と❷「H（高さ）」の数値を変更することで、シェイプのサイズを変更できます。

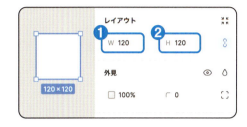

4 四角形の「背景色」を変更する

● カラーピッカーで背景色を変更

STEP.1 プロパティパネル「塗り」を確認

四角形を選択した状態で、右サイドバーのプロパティパネル「塗り」を確認します。

「塗り」の項目の下に「現在の色の色見本」と「16進数カラーコード」「不透明度」が表示されています。

STEP.2 カラーピッカーで色を変更

色見本をクリックして、**カラーピッカー**を開きます。ここのポインターを移動することで、カラーを変更することができます。

・カラーピッカー
❶ カラーパレットで色を選択
❷ スポイトツールでキャンバス上の色を取得
❸ 色相の変更
❹ 不透明度の変更

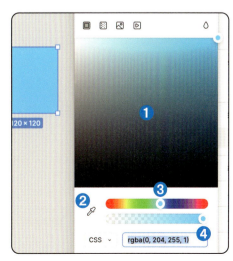

5 四角形に「線」をつける

● 線をつける

四角形を選択した状態で、右サイドバーのプロパティパネルを見ると「**線**」の項目があります。

線の項目名、もしくは右側にある「+」アイコンをクリックすると、シェイプに線が適用されます。

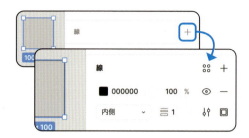

● 線の「太さ」を変更

線項目の中央下部にあるアイコン横に線の太さが表示されています。この数値を変更すると、線の太さを変更できます。

● 線の「位置」を変更

また、左側にあるセレクトボックスで、線の表示位置を「内側・中央・外側」に切り替えられます。

Webデザインで使用する場合は**基本的に**「**内側**」に設定します。

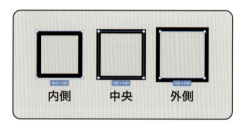

● 一部の辺のみ線をつける

線項目の右下付近にあるアイコンをクリックすると、線を適用する辺を指定することができます。

上辺のみ、左辺のみの指定や、カスタムから、上辺と下辺のような指定も可能です。

● 線の「種類」を変更

線項目の右下の「…」アイコンをクリックして、線スタイル項目のセレクトボックスで線の種類を「**実線**」「**破線**」から選択できます。

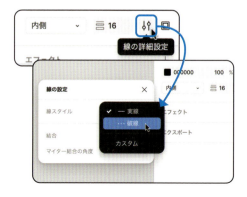

6 四角形に「エフェクト」をつける

● 「ドロップシャドウ」をつける

STEP.1 プロパティパネル「エフェクト」で効果を適用

四角形を選択した状態で、右サイドバーのプロパティパネル「エフェクト」をクリックして効果を適用すると、ドロップシャドウが適用されます。

STEP.2 エフェクトの詳細を調整

左の「エフェクトの設定」アイコンをクリックして、シャドウの数値を調整します。

・ドロップシャドウ

❶ X軸（左右）に影をずらす　　❹ 影の広がり具合
❷ Y軸（上下）に影をずらす　　❺ 影の色
❸ 影のぼかし具合　　　　　　❻ 影の不透明度

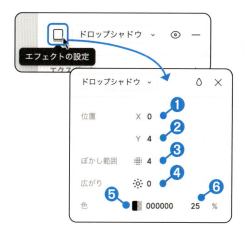

エフェクト名のセレクトボックスを切り替えることで、他にも**「インナーシャドウ」**、**「レイヤーブラー」**、**「背景のぼかし」**といったエフェクトも適用することができます。

7 四角形を「透明」にする

● 不透明度

四角形を選択した状態で、右サイドバーのプロパティパネル「外見」にある❶「不透明度」項目で、シェイプの不透明度を変更できます。

❷「ブレンドモード」からは、「乗算」や「オーバーレイ」など、より高度な描画設定ができます。

8 四角形を「角丸」にする

● 角の半径

四角形を選択した状態で、右サイドバーのプロパティパネル「外見」にある❶「角の半径」項目で、シェイプを角丸にできます。

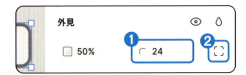

❷「個別の角」から、一部の角のみを角丸にする設定が可能です。

9 いろいろなシェイプをつくる

四角形と同様の操作で、円や多角形などさまざまなシェイプを作成することができます。

アイコン	ツール名	ショートカットキー
☐	長方形	R
／	直線	L
↗	矢印	shift + L
○	円・楕円	O
△	多角形	ツールバー「シェイプツール」のドロップダウンメニューから選択
☆	星	ツールバー「シェイプツール」のドロップダウンメニューから選択
🖼	画像/動画	shift + ⌘ + K

多角形ツールを使うと三角形が配置されます。配置した後に、五角形や八角形などの多角形に変更することができます。

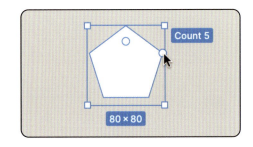

column

Figmaのプラグインを使ってみよう！

● Figmaのプラグイン機能って何？

Figmaのプラグイン機能は、標準機能ではできない操作を可能にする拡張機能です。便利なプラグインを活用することで、デザイン作業が効率化され、より豊かなデザイン表現が可能になります。

● プラグインの使い方

STEP.1 プラグインを探す

Figmaコミュニティにアクセスし、インストールするプラグインを検索します。

https://www.figma.com/community

STEP.2 場所を指定して開く

プラグインページで、「場所を指定して開く…」ボタンをクリックして既存のデザインファイルを選択します。

STEP.3 プラグインを実行する

指定したデザインファイル上で対象のプラグインページが開かれるので、右下の「実行」ボタンでプラグインを実行します。

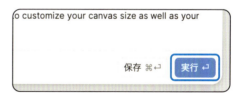

● ツールバーから探す

ツールバーのアクション項目から、「プラグインとウィジェット」タブを選択することで、ここからでもプラグインを検索・実行することが可能です。

オススメのプラグインはP.91で紹介しています。

Chapter 3
05 テキストツールでテキストを配置しよう

テキストツールでテキストの配置や編集を行えます。また、フォントの選択から文字サイズの変更などもできるので、あわせて学びましょう。

1 テキストツールで「テキストを挿入」する

「テキストツール」を使って、テキストレイヤーを挿入することができます。

ショートカットキー
Mac・Win：T

テキストレイヤーは作成方法によって、**自動幅**か**固定サイズ**が決まります。自動幅にすると、テキストは折り返されず、固定サイズにするとテキストが折り返されて表示されます。

たとえば、キャッチコピーなどの短文は自動幅、文章などの長文は固定サイズにするのがオススメです。

 自動幅と固定サイズの設定は、プロパティパネル「レイアウト項目」から**切り替えられます**。

● シングルクリックで「自動幅のテキスト」を作成

テキストツールを選択した状態でキャンバスを**クリック**すると、横幅が自動調整されるテキストレイヤーを作成できます。

テキストを入力すると文字数に応じて幅が自動で広がります。

自動幅でテキストを挿入
121 × 8

● クリックしたままドラッグで「固定サイズのテキスト」作成

キャンバス上で、**クリックをしたままドラッグ**することで、幅と高さが固定サイズのテキストレイヤーを作成できます。

テキストを入力すると、ボックス幅に応じて自動でテキストが折り返します。

固定サイズでテキストを挿入
110 × 25

テキストの入力が終わったら、**レイヤーの外をクリック**、もしくは ⌘ + enter や esc でテキストツールを終了できます。

ショートカットキー
Mac：⌘ + enter
Win：Ctrl + Enter

2 テキストを編集する

テキストレイヤーを**ダブルクリック**、もしくは、**テキストレイヤーを選択した状態で** `enter` **キー**を押すことで、テキストの入力モードになり、テキストを編集できます。

また、テキストツールを選択した状態であれば、中のテキストに**直接アクセス**できます。

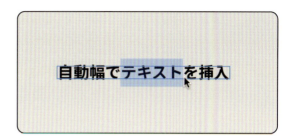

3 テキストのスタイルを変更する

テキストには、フォントの種類や文字の大きさなど、さまざまなスタイルが存在します。これらはプロパティパネル「タイポグラフィー」の項目からそれぞれ変更することができます。

❶ フォントの種類
❷ 太さやスタイル
❸ フォントのサイズ
❹ 行間
❺ 文字間隔
❻ 水平方向の配置
❼ 垂直方向の配置
❽ OpenType機能の設定

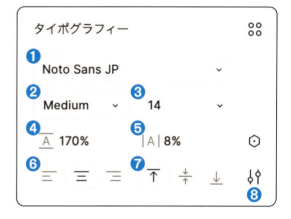

● OpenType(オープンタイプ)機能の設定

OpenType機能とは、OpenTypeフォントに搭載されている「合字」や「ペアカーニング」など、フォントの詳細な設定ができる機能です。

タイポグラフィー項目右下のアイコンをクリックすると、「上下トリミング」や「テキストを省略」など、より高度なテキストの調整を行うことができます。

Chapter 3
06 画像を配置しよう

デザインファイル内には、画像を配置できます。Figmaの画像ファイルの取り扱いは少し特徴的なので、その特徴と使い方を理解しましょう。

1 デザインファイル上に画像を配置する

● ドラッグ＆ドロップで配置する

Figma上に画像ファイルをドラッグ＆ドロップすることで、Figma上に画像を配置できます。

画像のサイズが大きい場合（縦横4096pxを超える画像）は**縮小される**点に注意しましょう。

※ 利用可能なファイル：JPG、PNG、HEIC、WebPなど

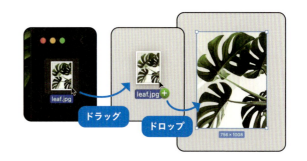

2 画像はシェイプの「塗り」として存在する

Figmaでは「画像ファイルとして配置される」という概念ではなく、**背景色と同じく**、「塗り」として画像を扱います。

配置した画像のプロパティパネルを見ると、塗りの項目に画像が適用されているのがわかります。

● 塗りは他の要素にペーストできる

画像が「塗り」として存在していることによって、他の要素にも「塗り」をコピペすることができます。

塗りを選択して ⌘+C でコピー、テキスト要素を選択して ⌘+V でペーストすると、塗りの画像を適用できます。

> 📎 **MEMO**
> 動画を挿入するとプロトタイプ（P.51）のプレビュー表示で動画を再生することができます。
> 動画を使いたい場合は有料プランへの加入を検討してみましょう。

● 塗りは複数追加できる

「塗り」の項目右側の「＋」アイコンをクリックして、塗りを追加できます。 たとえば、画像の上に「透過した色」を追加してオーバーレイ表示することが可能です。

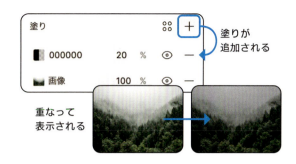

3 画像調整をする

● 画像オプションメニュー

プロパティパネルで画像のサムネイルをクリックすると「画像オプションメニュー」が開きます。ここで画像に関する各種調整が行えます。

❶ 塗りの種類（色・グラデーション・画像・動画）
❷ 塗りつぶしタイプ
　シェイプに対して画像をどのように表示するか指定できます（拡大・サイズに合わせる・トリミング・タイル）
❸ 画像を回転
❹ 画像の置き換え
❺ 露出やコントラストの調整

● 画像をトリミングする

塗りつぶしサイズを「トリミング」にすることで、画像のトリミング表示ができます。

shift キーを押しながら画像の四辺をドラッグすることで、比率をそのままに拡大縮小できます。

> **POINT　オブジェクトとは？**
>
> ここまでに出てきた、「シェイプ、テキスト、画像」などのデザイン要素は「オブジェクト」と表現されます。のちに登場するフレーム（P.77）やコンポーネント（P.86）もオブジェクトに含まれます。

3-06　画像を配置しよう　69

Chapter 3
07 拡大縮小ツールで大きさを変えよう

拡大縮小ツールでオブジェクトの大きさを伸縮させることができます。サイズ変更とは異なる点などを理解しましょう。

1 拡大縮小ツールでオブジェクトの大きさを変更する

「拡大縮小ツール」は、オブジェクトの大きさを拡大・縮小するためのツールです。

ショートカットキー
Mac・Win：K

● オブジェクトを拡大・縮小させる

「拡大縮小ツール」に切り替えて、テキストまたはシェイプオブジェクトを選択します。

オブジェクトの辺、または角にカーソルを合わせると、カーソルの表示が**拡大縮小のアイコン**に切り替わるので、ドラッグして縮尺を変更できます。

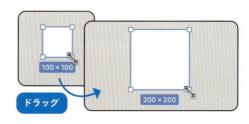

または、オブジェクトを選択した状態で、プロパティパネル「拡大縮小」の項目から、倍率を指定、縦横のサイズを指定することでも変更が可能です。

POINT　グループのサイズ変更は拡大縮小ツールを使おう！

グループ化（P.74）した要素を、移動ツールでサイズ変更すると、中の要素が崩れることがあります。
そんなときは拡大縮小ツールを使ってみてください。

また、次の**「移動ツールを使ったサイズ変更」**との違いを理解すると使い分けができるようになります。

2 移動ツールを使ったサイズ変更との違いは？

シェイプやグループは拡大縮小ツールを使わずに、**移動ツールでサイズ変更**が可能です。

● 移動ツールで2倍にする場合

1pxの線がある100×100pxのシェイプを用意し、**移動ツール**で**ハンドルをドラッグ**して大きさを変更、もしくはプロパティパネルから数値を指定して大きさを2倍に変更します。すると、大きさは縦横2倍の200pxに、線幅は「**1pxのまま**」の状態です。

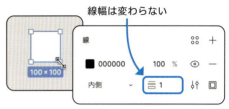

移動ツールで2倍の大きさに変更した場合

● 拡大縮小ツールで2倍にする場合

これを「拡大縮小ツール」を使って2倍の大きさにしてみます。すると、縦横のサイズが大きくなるだけでなく、**線幅も2倍の2px**に変化します。

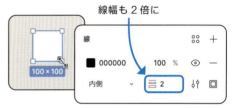

拡大縮小ツールで2倍の大きさに変更した場合

このように、拡大縮小ツールを使うと、オブジェクトの大きさだけではなく、線やエフェクトの数値など含め、**オブジェクト全体がスケール**されます。この点をおさえて、拡大・縮小の方法を使い分けましょう。

> **POINT** ベクター画像の大きさは拡大縮小ツールで変えよう！
>
> ロゴやアイコンなど、ベクター形式（SVGやAIなど）のデータをFigma上に配置し、移動ツールでサイズ変更をすると、中身が**崩れてしまう**ことがあります。そんなときは、「拡大縮小ツール」を使用しましょう。
>
>
>
> 　　　　　　　　　　ハンドルドラッグだと崩れる　　拡大縮小ツールだと崩れない！

> **MEMO**
>
> ベクター画像は、点と線の情報を数値で保存する形式で拡大しても画質が劣化しません。一方、ラスター画像はピクセルで構成されており、拡大するとぼやけることがあります。ベクターはロゴやアイコンに、ラスターは写真などの複雑な画像に適しています。

Chapter 3 08 レイヤーの概念と基本操作を覚えよう

作成した各オブジェクトはそれぞれ別々のレイヤーとして扱われます。レイヤーはデザイン制作において重要な役割があるので、レイヤーの基本を覚えましょう。

1 レイヤーって何？

レイヤーとは、オブジェクトの重なりを管理するための概念です。

Figmaでテキストやシェイプなどのオブジェクトを作成すると、それらは別々のレイヤーとして扱われます。レイヤー同士は必ず階層における上下関係が存在し、**同じ階層に複数のオブジェクト**は存在しません。

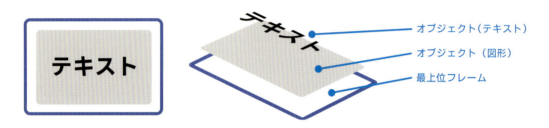

左サイドバーにある「レイヤーパネル」で、キャンバス上のすべてのオブジェクトとその上下関係を確認できます。

リストの上にある要素ほど手前に表示され、下にある要素であれば奥に表示されます。

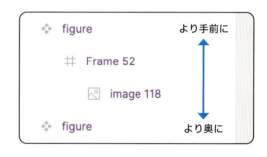

● レイヤーとオブジェクトは同じ

Figmaでは「**レイヤーとオブジェクトは同じ**」です。

レイヤーパネルのレイヤーを選択することと、キャンバス上のオブジェクトを選択することは同じ動作になります。

レイヤーの複製はオブジェクトの複製を意味し、レイヤーの削除はオブジェクトの削除を意味します。

2 レイヤーの順序を変更する

レイヤーの順序を変更するには、レイヤーパネルから各レイヤーをドラッグ＆ドロップして入れ替えることができます。

ショートカットキー
Mac：⌘ +] or [　Win：Ctrl +] or [

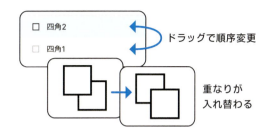

3 オブジェクトを複製する

❶ コピペで複製
オブジェクトを選択して、コピー＆ペーストして複製できます。

❷ ドラッグして複製
option キーを押したまま、オブジェクトをドラッグ＆ドロップして複製できます。

4 オブジェクトを削除する

オブジェクトを選択した状態で、delete キーまたは Back space キーを押して、オブジェクトを削除できます。

5 レイヤーをロックする

レイヤーをロックすると、レイヤーが固定され**直接選択ができなくなります**。一部の要素を動かしたくない場合などに使用します。

レイヤーのロックの手順は3通りあります。
❶ レイヤーパネルの「鍵」のアイコンをクリック
❷ 右クリックから「ロック/ロック解除」を選択
❸ ショートカットキー

同様の操作で、ロックを解除できます。

3-08 レイヤーの概念と基本操作を覚えよう　73

6 オブジェクトを複数選択する

● クリックで複数選択

shift キーを押したまま要素をクリックしていくと、要素の複数選択ができます。

複数選択されたレイヤーは、**同時に移動や削除、グループ化**などの操作を行えます。

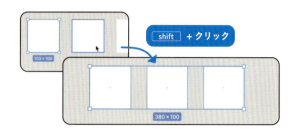

● ドラッグで複数選択

キャンバス上でクリックしたままドラッグすることで**矩形選択**を行えます。

ドラッグを終えた際に、この矩形範囲内に含まれる要素はすべて選択状態になります。

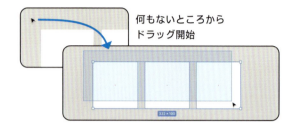

7 レイヤーの「グループ化」

グループ化とは、複数のオブジェクト（レイヤー）を1つにまとめて、一緒に操作できるようにするための機能です。

オブジェクトを複数選択した状態で、ショートカットキー **Mac: ⌘ + G / Win: Ctrl + G** でオブジェクトがグループ化されます。

また、グループをさらにグループ化して何層にもネスト（階層化）することも可能です。

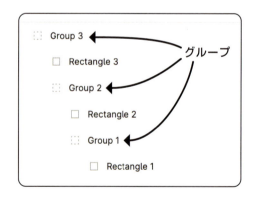

グループ化することで、複数のオブジェクトをまとめて移動したり、管理がしやすくなります。パソコンのフォルダと同じようなイメージです。

> **豆知識** グループ内のオブジェクトを選択する
>
> グループを普通にクリックすると、グループ自体が選択されますが、中の画像やテキストを選択したいときには、Mac: ⌘ / Win: Ctrl キーを押しながらクリックすると、オブジェクトを直接選択できます。

● **グループの折りたたみ表示**

レイヤーパネルのグループレイヤーの左側には折りたたみ状態を表す**下矢印のアイコン**が表示されます。

アイコンをクリックして、レイヤーの表示を開閉できます。

8 レイヤーの種類

レイヤーの横にはアイコンが表示され、各レイヤーの種類を確認することができます。

まだ説明していない項目がいくつかあるので、学習が進んだら、再度この表を確認してみましょう！

レイヤーアイコン	レイヤー名	使用用途・特徴
⋮⋮	グループ	複数のオブジェクト（レイヤー）を1つにまとめる (P.74)
♯	フレーム	アートボードやレイアウトとして使用する (P.77)
‖	オートレイアウト	オートレイアウトが適用されたフレーム (P.82)
◆	コンポーネント	パーツをテンプレート化し、複数の場所で再利用する (P.86)
◇	インスタンス	コンポーネントを基にして作られたコピー要素で、コンポーネントの変更が自動的に反映される (P.86)
T	テキスト	見出しや文章に使用する (P.66)
🖼	画像	塗りに画像が適用された要素 (P.68)
▢	セクション	最上位フレームをグループ化して管理しやすくする

Chapter 3
09 ページとフレーム（最上位フレーム）

デザインファイル内には、複数のページと複数のフレームを作成できます。それぞれの使い方と関係性について把握しましょう。

デザインファイルの構成は、次の図のようになっています。ページの中に複数のフレーム（最上位フレーム）を作成して、その中に複数のオブジェクトを組み合わせてデザイン制作を行います。

1 ページの用途とは？

デザインファイル内には複数のページを作成でき、ページごとに、デザイン要素を**分けて管理**できます。

たとえば、
・パソコンサイズのデザインを管理するページ
・モバイルサイズのデザインを管理するページ
・デザインのガイドラインを定義するページ

のように、用途に応じてページを使い分けることができます。

左サイドバーでページを管理

● 新しいページを作成・削除する

左サイドバー「ページ」項目右側の「＋」アイコンをクリックすると**新規ページが作成**されます。

また、右クリックから**ページ名の変更やページの削除**ができます。

76　Chapter 3　デザインツール「Figma」の基本

2 フレームの用途とは？

フレームは大きく分けて**2つの用途**があります。

1つは、アートボードとしての役割です。キャンバスに接しているフレーム（キャンバス直下に配置されたフレーム）のことを**「最上位フレーム」**と呼びます。

これは**アートボードの役割**（デザインの作業領域。絵画でいうところのキャンバスと同等）を担います。

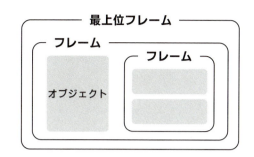

Webページのデザインをつくる際は、**必要なページの数**だけ最上位フレームを作成し、その中にオブジェクトやフレームを配置してデザインを作成していきます。

2つ目の用途は、**レイアウトの役割**です。これについてはP.79で解説しています。

3 フレームツールで最上位フレームを作成する

「フレームツール」でキャンバス上にフレームを作成できます。まずは、Webページのデザインの土台となる最上位フレームをつくってみましょう。

ショートカットキー
Mac・Win：F

● テンプレートから作成する

フレームツールを選択した状態でプロパティパネルを確認すると、さまざまなスクリーンサイズのテンプレートが用意されています。

これらをクリックすることで、キャンバス上にフレームを作成できます。左上のフレーム名をダブルクリックすると、名前を変更できます。

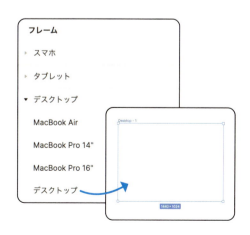

Webページのデザインは**「デスクトップ」**の大きさで作成するのがオススメ！

3-09　ページとフレーム（最上位フレーム）　77

● **自由なサイズで作成する**

フレームツールを選択し、キャンバス上で**クリックしたままドラッグ**すると、自由な大きさでフレームを作成できます。

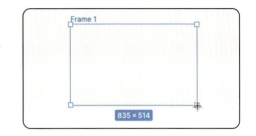

4 フレームのサイズを変更する

フレーム左上のフレーム名をクリックすることで**フレームを選択**することができます。

フレームの端にカーソルを持っていくとマウスポインターが拡大縮小の表示に切り替わり、**クリックしたままドラッグ**することで、フレームのサイズを変更することができます。

また、プロパティパネルにある「レイアウト」項目の**数値を変更**することでも、フレームサイズの変更が可能です。

5 フレームの中にオブジェクトを配置する

フレームの中に**いろいろなオブジェクトを配置**してデザインを作成していきます。

フレームの内側でテキストやシェイプを作成、もしくはフレーム内にドラッグして、オブジェクトを挿入できます。

● **はみ出たコンテンツを隠す**

プロパティパネル「フレーム」の項目の下部に「**コンテンツを隠す**」のチェックボックスがあります。

ここにチェックが入っている場合は、フレームの範囲内で表示が切り取られて表示されます。逆にチェックを入れない場合は、はみ出た要素もそのまま表示されます。

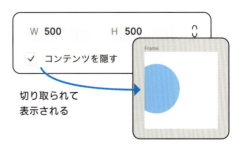

6 「レイアウトの役割」としてのフレーム

● フレーム内にフレームを配置

フレームの中にさらにフレームを配置するといった形で、フレームは何層にも**ネストして配置**できます。

レイアウトとしてのフレームは、ヘッダーや各種セクションなど、**要素のまとまり**を作成したり、ナビゲーションなどのパーツを整列させる際にも使用します。

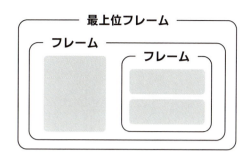

● グループとフレームの違い

グループはオブジェクトをまとめるだけの機能に対し、フレームはまとめた要素を**整列させる機能**（オートレイアウト機能・P.82）やグリッドを表示する機能を持っています。

また、フレームには線や塗り、ドロップシャドウなどを適用することができます。

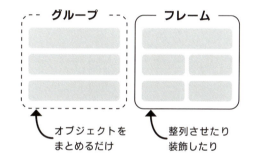

POINT　フレーム外の配置に注意！

フレームの中に要素を配置したつもりでも、実際はフレームの外に配置されている場合があります。見た目では判断がつかないので、レイヤーパネルでネストされているか確認しましょう。

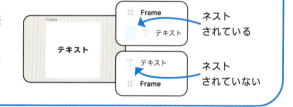

豆知識　アウトライン表示

色などの条件によって**要素が見えなくなってしまう**場合があります。そんなときはアウトラインモードで、要素の輪郭線を確認することができます。

ショートカットキー
Mac：⌘ + shift + O　Win：Ctrl + Shift + O

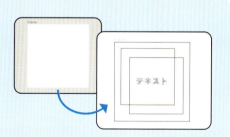

Chapter 3
10 制約（コンストレインツ）

フレームに配置された要素には、制約（コンストレインツ）の項目が表示されます。これは、フレームのサイズを変更したときに、レイヤーがどのように変化するかを指定するものです。

1 制約（コンストレインツ）とは？

Figmaの「制約（コンストレインツ）」とは、フレームのサイズを変化させる際に、フレーム内のオブジェクトをどのように変化させるかを制御できる機能です。

たとえば、左上を基準として配置することや、フレームサイズに合わせて伸縮させるなどの指定ができます。

● **デフォルトは「左上」に配置される**

制約は、**フレーム内のオブジェクト**にのみ設定できます。

フレーム内のオブジェクトを選択し、プロパティパネルの「位置」の**右側にあるアイコン**をクリックすると、「制約」の項目が表示されます。

デフォルトで制約は「左上」に設定されており、この状態で親のフレームサイズを変更した際には、この要素は**親の左上を基準として配置**が保たれるようになります。

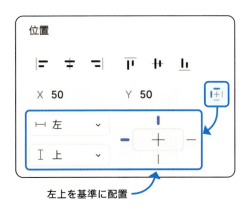

左上を基準に配置

● **キャンバス上での表示**

制約の設定は、**キャンバス上の表示でも確認が可能**です。たとえば、制約が左上に設定されているオブジェクトは、左と上の方向に点線が伸びています。この状態で、フレームのサイズを大きくしてみると、左上からの距離を保ちつつ配置されているのが確認できます。

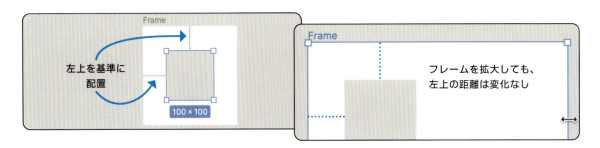

2 制約の設定をする

制約の設定は、プロパティパネル「制約」の項目左側にある**「十字のエリア」**をクリックすることで変更できます。

もしくは、右側のセレクトボックスからも同様に変更が可能です。

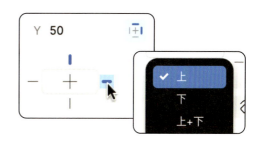

● 制約を「右下」に設定する

「ページトップに戻る」ボタンを右下に浮かせて表示したい場合は、制約を「右下」に設定します。

制約を「右下」に設定した状態でフレームのサイズを変更すると、オブジェクトは親要素の右下を基準として配置され続けます。

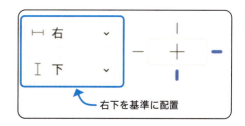

POINT 制約の設定次第でデザインが崩れる!?

制約の設定が適切にされていないと、**「知らないうちにデザインが崩れていた」**などというケースが発生してしまいます。

特に、最上位レイヤーのサイズを調整するときに、制約の設定次第で中のオブジェクトが動いてしまう場合があります。

もしオブジェクトが動いてしまう場合は、制約が**左上に設定されているか**確認してみましょう。

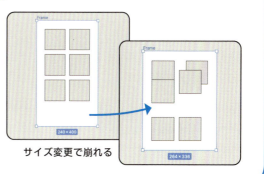

サイズ変更で崩れる

3-10 制約（コンストレインツ） 81

Chapter 3 - 11

オートレイアウト機能を使ってみよう

▼ 動画レッスン

Figmaのオートレイアウト機能は、要素を自動で並べることができる機能です。この機能を使うことで、変更に強いデザインをつくることができます。

1 オートレイアウト機能って何？

Figmaの「オートレイアウト機能」は、フレーム（もしくはコンポーネント・P.86）に対して設定できる機能です。

直下のオブジェクトを<u>整列して配置</u>することや、中身に応じてフレームのサイズを自動で伸縮させることができます。

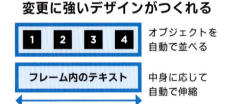

2 オートレイアウト機能を適用・設定する

STEP.1　3つの四角形を作成

四角形のシェイプを3つ作成します。

STEP.2　オートレイアウトを適用

3つの四角形をすべて選択して、プロパティパネル「レイアウト」項目右側のアイコンをクリックします。すると、3つの四角形は<u>「オートレイアウト機能が適用されたフレーム」で囲われ、</u>自動で配置します。

STEP.3　フレームのプロパティパネルで詳細を設定

追加されたフレームのプロパティパネルに「オートレイアウト」項目が表示され、ここで詳細の設定ができます。

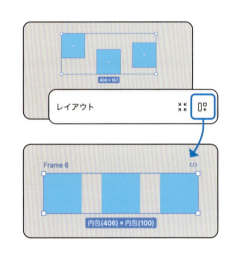

❶ 幅のサイズ調整
❷ 高さのサイズ調整
❸ 子要素を並べる方向
　下方向／横方向／折り返す
❹ 子要素の配置
❺ 子要素同士の間隔
❻ 左右の余白
❼ 上下の余白

※幅と高さの設定で、「コンテナに合わせて拡大」を選ぶと、親要素のサイズに合わせていっぱいに広がり、「コンテンツを内包」を選ぶと、中身の大きさに合わせて自動的に調整されます。

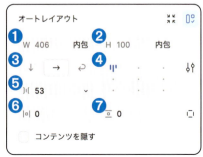

3 要素を並び替える

オートレイアウトによって並べられたフレーム直下のオブジェクトは、**ドラッグして並び替え**ができます。

同様に、レイヤーパネルからの並び替えや、ショートカットキーによる並び替えも可能です。

4 オートレイアウト機能は、どんなときに使うの？

● オートレイアウトで「ナビゲーション項目を並べる」

・普通に配置した場合

複数のテキストリンクが並ぶナビゲーションは、**リンク内のテキスト変更**や、**項目数の増減**などが考えられます。

オートレイアウトを使わずに項目を並べた場合、「**中央に項目を追加したい**」といった際に、左右の項目を一度ずらして追加する、といった作業が発生してしまいます。

・オートレイアウトを使った場合

これをオートレイアウトで組んでおくことで、オブジェクトをずらす作業が必要がなくなり、**自動で位置が変化**します。

テキスト量の変化や項目数が増減しても、自動で位置や余白が調整されるようになります。

ステップアップ　　フレーム作成とオートレイアウト適用を一気に！

オブジェクトを「**フレームで囲み**」、「**オートレイアウトを適用する**」という動作を一気に行うショートカットキーがあります。この動作は頻繁に使うので、覚えておくと便利です。

ショートカットキー
Mac・Win：shift + A

● オートレイアウトで「固定と可変レイアウトを組む」

画像とテキストを並べる場合には、**画像を固定幅、テキストを可変幅**に設定するのが便利です。

こうすることで、フレームの大きさを変化させた際に、画像の大きさはそのままに、**テキストのみ自動で伸縮するレイアウト**を組めます。

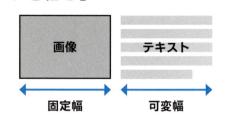

STEP.1 オートレイアウトのフレームで囲む

画像とテキストを配置・選択して、プロパティパネル「レイアウト」項目右側のアイコンをクリックし、オートレイアウト適用のフレームで囲みます。

STEP.2 フレームを固定幅に変更

フレームを選択して、プロパティパネルのオートレイアウト項目で、横幅の設定を「固定幅」に変更します。

STEP.3 画像とテキストの横幅設定を変更

画像の横幅の設定は「固定幅」に、テキストの横幅は「コンテナに合わせて拡大」に設定します。

これでフレームを左右に伸縮してみると、テキストの横幅のみ自動で変化するようになります。

● オートレイアウトで「ボタンをつくる」

オートレイアウト機能は、オブジェクトを並べるだけでなく、**「デザインパーツをつくる」**際にも活躍します。基本となるボタンのパーツをつくってみましょう。

STEP.1 テキストを用意

テキストレイヤーを作成し、表示するテキストを入力します。

STEP.2 オートレイアウトを適用

テキストを選択した状態で、`shift` + `A` のショートカットキーを押して、オートレイアウトが適用されたフレームで囲みます（または、右クリック→オートレイアウトを追加）。

STEP.3 ボタンのスタイルを適用する

プロパティパネルからスタイルの調整ができます。

❶ フレームの「オートレイアウト」項目から、**上下左右の余白サイズ**を調整します。

❷ フレームの「**塗り**」を適用して、ボタンの**背景色**を設定します。

❸ フレームの「**外見**」から、角丸の設定をします。

❹ 中のテキストの「**塗り**」を適用して、文字色を変更します。フレームではなく、テキストレイヤーを選択する点に注意しましょう。

ボタンができたら、**中のテキストを変更**してみましょう。

文字数に応じて、自動で大きさが変化するボタンを作成できました。

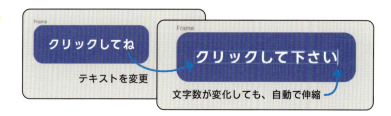

● ボタンにアイコンを入れてみよう

アイコンを用意して、作成したボタンの左右に挿入してみましょう。

STEP.1 アイコン画像を用意

アイコンファイルを用意して、Figma内にドラッグ＆ドロップして読み込みます。

STEP.2 ボタンテキストの左右に挿入

アイコンを**ドラッグ＆ドロップ**して画像を配置することができます。

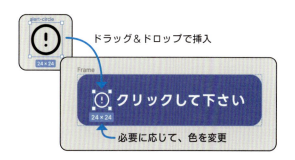

 ボタンの色に応じて、アイコンの色も変えたいので、なるべくSVGファイルで用意しましょう。アイコン素材をダウンロードできるサイトはP.158で紹介しています。

Chapter 3 12 コンポーネント機能を使ってみよう

▼動画レッスン

Webサイトでは、ボタンなどのパーツを複数の場所で使い回します。このパーツをコンポーネントにすることで再利用が可能になり、保守性が向上します。

1 コンポーネント機能って何？

Figmaの「コンポーネント機能」は、パーツを**テンプレートとして再利用できる**便利な機能です。

コンポーネント化したパーツを複製し、複数の場所に配置することで、変更が必要な際には**一括ですべてのパーツに変更を反映させる**ことができます。

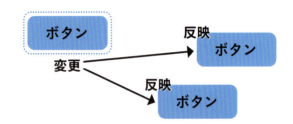

2 オブジェクトを「コンポーネント」にする

まずはボタンを用意して、これを「コンポーネント」にしてみましょう。

ボタンオブジェクトを選択した状態で、プロパティパネル「フレーム」項目右側の**菱形４つのアイコン**をクリックします。すると、オブジェクトが「**メインコンポーネント**」になります。

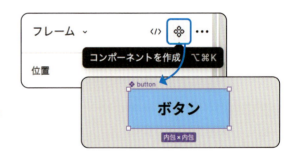

● メインコンポーネントとインスタンス

コンポーネントは、レイヤーパネルで**菱形４つのアイコン**で表示され、「**メインコンポーネント**」というオリジナル（大元）の要素として扱われます。

このメインコンポーネントを**複製**したものは、菱形１つのアイコンで表示され、「**インスタンス**」として扱われます。

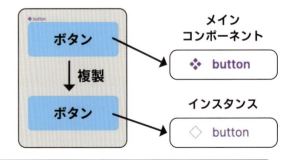

メインコンポーネントとインスタンスの**デザイン上の見た目はまったく同じ**ですが、アイコンで見分けることができます。

3 インスタンスを挿入しよう！

まずはコンポーネントをつくり、デザイン上にインスタンスを配置していきます。
インスタンスを挿入するには、次の2つの方法があります。

● 複製して作成する

オブジェクトの複製と同様に、コンポーネントを**コピペして複製**、もしくは `option` **キーを押したままドラッグ**するとインスタンスが作成されます。

● アセットから作成（挿入）する

左サイドバーに「**アセット**」タブがあり、その中に「**コンポーネントの一覧**」があります。

ここのコンポーネントを選択し、**「インスタンスを挿入」ボタン**を押すと、インスタンスが配置されます。

一覧からドラッグ＆ドロップでも挿入できます。

4 インスタンスの各種操作

インスタンスを選択すると、プロパティパネルに**「コンポーネント名」の項目**が表示されます。

右側にあるドットメニューから、インスタンスに関する各種操作を行えます。

❶ メインコンポーネントに移動
メインコンポーネントの場所を表示します。

❷ 変更をメインコンポーネントにプッシュ
インスタンスで変更したスタイルを、メインコンポーネントに適用します。他のインスタンスにも影響があるので注意しましょう。

❸ リセット
インスタンスで変更したスタイルを、メインコンポーネントと同じ状態に戻します。

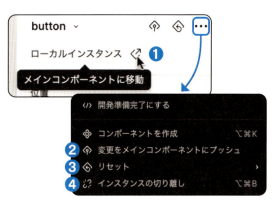

※❷❸の項目は、インスタンスに変更がある場合のみ表示されます。

❹ インスタンスの切り離し
インスタンスの状態から、通常のオブジェクトに戻すことができます。

5 コンポーネントの基本的な使い方と特徴

インスタンスを作成し、「メインコンポーネント」に変更（テキストやサイズ、色など）を加えると、**すべてのインスタンスに変更が反映**されます。

いろんな場所で使用する「ボタン」などのパーツは、コンポーネントにしておくことで色や大きさの変更があっても一括で修正が反映されてとっても便利です！

● インスタンスに変更を加えたら？

インスタンスに変更を加えた場合、**他のコンポーネントには影響しません**。すべての要素に変更を加えたい場合は**必ず「メインコンポーネント」に変更を加える**必要があります。

また、右上の状態のまま、メインコンポーネントの色と大きさ、テキストを変更してみます。

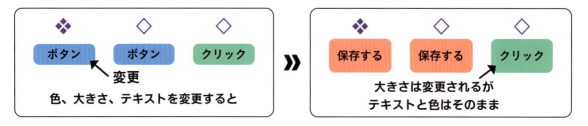

変更を加えていたインスタンスの「テキストと色」は、**メインコンポーネントの変更が適用されず**、手を加えていなかった**「サイズ」のみ**メインコンポーネントの変更が適用されています。
このように、インスタンスに変更を加えた場合、メインコンポーネントに変更を加えたとしても**インスタンスの変更**が優先されるということになります。

6 コンポーネントの「バリアント」機能

● バリアントって何？

バリアントとは、コンポーネントに**パターンを設ける**ことができる機能です。あらかじめ複数のパターンをつくり、そのパターンを自由に切り替えることができます。

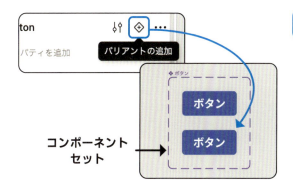

● バリアントのつくり方

コンポーネントを選択し、プロパティパネル「コンポーネント名」右側の**「+」アイコン**をクリックすると新しく**バリアント**が作成されます。

点線で囲まれたグループは「**コンポーネントセット**」と呼びます。

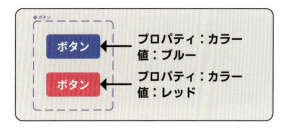

● バリアントの「プロパティと値」

プロパティと値で、**コンポーネントのパターンを管理**します。

たとえば、ボタンのカラーパターンを設ける場合、**プロパティを「カラー」**に、値は**それぞれのボタンの色**を設定します。

・プロパティと値の編集

バリアントを選択すると、プロパティパネルに「**現在のバリアント**」項目が表示されます。

プロパティ名と値の名前はそれぞれ**クリック**をして編集ができます。

・プロパティの追加

コンポーネントセットを選択した状態で、プロパティ項目右側の「＋」アイコンをクリックして、**プロパティを追加**できます。

ボタンであれば、「大きさ」や「状態」などのプロパティを増やしてパターンを設けます。

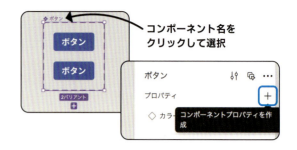

● バリアントでボタンのスタイルを切り替える

インスタンス（複製したコンポーネント）を選択した状態で、プロパティパネルのコンポーネント項目で**プロパティ名**と**値**が確認できます。

値のセレクトボックスを切り替えることで、ボタンのスタイルを切り替えられます。

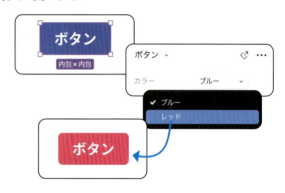

 実際にバリアント機能を使ったボタンのホバーのつくり方を、P.95で解説します。

PhotoshopやIllustratorは使わないの？

これらのツールは、より複雑な編集が必要な場合に使用します。

Photoshop：主に、画像編集や写真の補正に便利です。たとえば、写真のレタッチや色補正を行い、美しい画像データを作成する際に使用します。

Illustrator：ベクターデータの取り扱いに特化しており、ロゴやバナーの作成に適しています。

たとえば、Photoshopで写真のレタッチや色補正を行い、その後、そのデータをFigmaに挿入して使用する、という形で利用します。

Figmaがもっと便利になるオススメプラグイン

● Feather Icons

ベーシックでシンプルなアイコン素材をデザイン上に追加できます。すべて線でつくられているため、デザインに応じて太さを自由に変更できます。

● Insert Big Image

Figmaに4096pxを超える大きな画像を取り込むと縮小されて取り込まれます。このプラグインを使えば、画像分割してそのままの解像度で挿入できます。

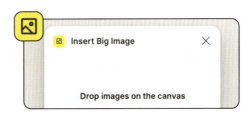

● Skew Skew

テキストやシェイプを斜めに傾けることができるプラグインです。テキストに適用することで、エネルギッシュで躍動感のあるイメージを演出できます。

● To Path

テキストを曲線のパスの形に沿って配置できるプラグインです。文字をカーブさせたり、円状に配置したりすることも可能になります。

● Brobs

歪んだ円（流体シェイプ）を生成できるプラグインです。正円の代わりに流体シェイプを使うと、単調なデザインからアクセントの効いたデザインに早変わりします。

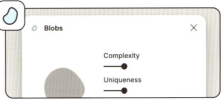

Chapter 3
13 プロトタイプ機能を使ってみよう

プロトタイプ機能は、擬似的なWebサイトを作成できる機能です。ページ遷移やアニメーションなど、画像では実現できない表現をつくることができます。

1 プロトタイプ機能とは？

Figmaの「プロトタイプ機能」とは、ページ遷移やスライドショーなどの動きを再現できる機能です。通常のデザインカンプは動きのない「静的な画像」として作成するのが一般的ですが、プロトタイプ機能を使うことで、実際のWebサイトに近い動きまで再現することが可能です。

2 プロトタイプ機能で「ページ遷移」をつくる

STEP.1 事前準備、2つの最上位フレームを用意

ページ遷移（他ページへの移動）の動きをつくるために、事前に「**遷移前の最上位フレーム**」と「**遷移後の最上位フレーム**」の2つを用意します。

ボタンをクリックしたら遷移する挙動をつくるために、フレームにはそれぞれボタンを配置します。

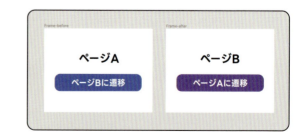

 おさらい！ アートボードとしての役割を持つ「**最上位フレーム**」は、キャンバスの上に直接作成したフレームのことです。

STEP.2 プロトタイプモードに切り替える

右サイドバー上部の**「プロタイプ」というタブ**をクリックすることで、プロトタイプの編集を行う「プロトタイプモード」に切り替わります。

STEP.3 インタラクションの作成

インタラクションとは、「**どんな操作を行うと、どんな反応が起こるか**」といういわゆる「動き」のことです。

ページAに配置したボタン要素にカーソルを合わせるとボタンの縁（ふち）に丸いポイント「**ホットスポット**」が現れます。

ホットスポットをクリックしたままドラッグすると、「**コネクション**」という矢印が表示されます。

コネクションを「ページB（最上位フレーム）」までドラッグして離すことで、「ページAのボタン」から「ページB」へのインタラクションが作成されます。

同様の手順で、「ページBのボタン」から「ページA」へのインタラクションも作成します。

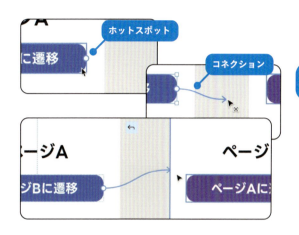

STEP.4 インタラクションの設定

作成したインタラクションの矢印をクリックすると、「インタラクションの詳細パネル」が表示されます。ここで、**トリガー、アクション、移動先**などを設定できます。

ページ遷移を作成するには、トリガーが「クリック時」、アクションが「次に移動」になっていることを確認します。

難しい項目もあるので、まずは基本の**「クリックをして移動する」**を覚えましょう。

3 プロトタイプを「再生」する

プロトタイプで作成したページ遷移の動きを**「プレゼンテーションビュー」**で**再生**してみましょう。

●「プレゼンテーションビュー」を起動

最上位フレーム（ページA）を選択して、画面右上にある再生アイコン（新しいタブで表示）をクリックすると、新規タブでプロトタイプが表示されます。

●「プレゼンテーションビュー（新規タブに表示）」の画面構成

画面右上にオプションから、プロトタイプ表示の各種設定を行えます。

❶ 表示サイズ
プロトタイプの表示サイズを、実際のサイズや画面に合わせるなどの設定ができます。

❷ Figmaショートカットの有効化
キーボードの左右キーでプロトタイプ内のページ移動を可能にします。

❸ クリックでヒントを表示
ヒントとは、クリック可能な箇所が一時的にハイライト表示される機能です。

❹ Figma UIを表示
ここのチェックを外すと、ツールバーなどの表示を非表示にできます。escキーを押すことで再度表示できます。

全画面にして、Figma UIを非表示にすれば、プレゼンテーションにも使えます！

● **ボタンをクリックしてページ遷移を確認する**

ページAの「ページBに遷移」ボタンをクリックすることで、**ページAからページBへの遷移**を確認できます。

さらに、ページBの「ページAに遷移」ボタンをクリックし、**ページAに戻る**ことができます。

このように各ページをリンクでつなぎ、**実際のWebサイトに近いページ遷移をつくる**ことができます。

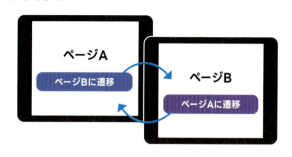

4 プロトタイプ機能で、ボタンの「ホバー」をつくる

カーソルを合わせた際に、クリック可能であることをユーザーに示す「ホバー」の表示を作成しましょう。

STEP.1 ボタンをコンポーネントにする

ボタン要素を選択し、プロパティパネル「フレーム」項目右側の**「菱形4つのアイコン」**をクリックして、**コンポーネント**にします。

STEP.2 バリアントを追加する

「バリアントの追加」アイコンをクリックしてバリアントを追加し、2つ目のバリアントの**ボタン背景色を暗い色**に変更します。

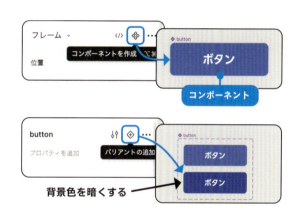

コンポーネントセットを選択し、プロパティ項目から、プロパティ名を**「状態」**に変更します。

各バリアントを選択して、状態プロパティの値をそれぞれ**「通常」、「ホバー」**に変更します。

プロパティ名と値は、わかりやすいものであれば、どんな名前でも問題ありません。

3-13 プロトタイプ機能を使ってみよう 95

STEP. 3 ホバーのインタラクションをつくる

まずは、右サイドバーでプロトタイプモードに切り替え、通常時のボタンからホバー時のボタンを**コネクションでつなぎます**。

インタラクションの詳細パネルで、トリガー項目を「**マウスオーバー**」に変更します。

アクションの項目は、「**次に変更**」になっているか合わせて確認しましょう。

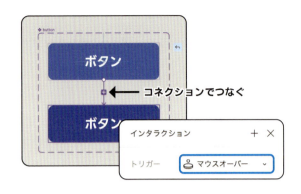

STEP. 4 「プレビュー」で表示を確認する

フレームを作成して、ボタンコンポーネントから通常のボタンを複製（インスタンスを作成）して配置します。

フレームを選択した状態で、右上の再生アイコン隣の下矢印から「プレビュー」をクリックします。

> **ショートカットキー**
> Mac・Win : shift + スペース

すると、ポップアップウィンドウでプレビューが表示されます。ボタンカーソルを合わせることで、ボタンのホバー表示を確認できます。

プレビューは「プレゼンテーションビュー」と比べて手軽に起動できるので、ちょっとした動きを確認するときに重宝します。紹介したプロトタイプは、ダウンロードファイルで確認できます。

📁 chapter3/prototype-sample.fig

ステップアップ　　**動きを滑らかにしてみよう！**

デフォルトのアニメーションは瞬時にスタイルが切り替わるので、**あっさりとした動き**になっています。コネクションを選択すると表示される「インタラクションの詳細パネル」で「**即時**」の項目を「**ディゾルブ**」に変更することで、アニメーションを**スムーズにする**ことができます。

5 プロトタイプを共有しよう

プロトタイプは他のユーザーに共有することができます。

● 「リンクURL」を共有する

プレゼンテーションビュー画面右上にある、**「プロトタイプを共有」ボタン**をクリックすると「共有モーダル」が開かれます。

モーダル右上の**「リンクをコピー」**ボタンをクリックすると、共有URLがコピーされます。

このURLを共有・アクセスすることで、プロトタイプを確認できます。

POINT デザインは常にリアルタイムで更新される！

Figmaで共有したプロトタイプは、デザインの変更が**常にリアルタイムで反映**されます。

この特性を把握していないと、共有したものに修正を加えて相違が出てしまう、などということにつながりかねません。

共有時点でのデザインを維持するには、**複製や画像で書き出す**などの対応が必要になります。

これを念頭に置いた上で、クライアントに共有するようにしましょう。

Chapter 3
14 画像の書き出し方を覚えよう

デザインカンプや画像素材は、画像として書き出すことができます。画像の書き出し方や書き出す際の設定について学びましょう。

1 画像の書き出しって何に使うの？

● デザインを共有するため

「Webページのデザイン」を画像で書き出して共有します。**クライアントへの共有や資料**などで使用することが多いです。

● コーディングに必要な素材

実際のWebサイトに表示する**画像素材**として書き出せます。書き出した画像はプロジェクトフォルダ内に配置し、HTMLファイルで読み込んでWebサイトに表示します。

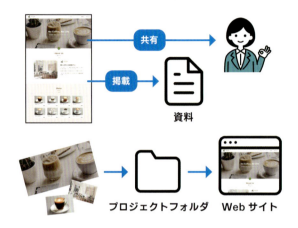

2 画像として書き出してみよう！

● エクスポート

書き出すレイヤー(フレームや画像)を選択すると、プロパティパネル最下部に「**エクスポート**」の項目を確認できます。この項目をクリックすると、書き出しの設定項目が表示されます。

「○○をエクスポート」ボタンをクリックすると、書き出し先を指定するモーダルが表示されるので、場所を指定して右下の「保存」ボタンを押すことで画像として書き出すことができます。

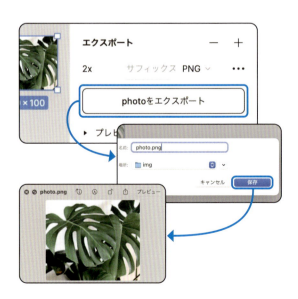

● 書き出す画像の種類

エクスポート項目右側のセレクトボックスで、**書き出す画像の種類**を指定できます。

Figmaで書き出せる画像の種類は、「PNG・JPG・SVG・PDF」の4種類で、用途に合わせて適切な画像の種類を指定して書き出しを行います。

❶ PNG（ピング）

写真以外の素材や背景が透明の素材に適しています。また、比較的複雑なグラフィック画像の書き出しにも適しています。

❷ JPG（ジェーペグ）

写真素材や色が複雑な画像に適しています。ファイルサイズを小さくしながらも、目に見える品質の劣化を最小限に抑えることができます。

❸ SVG（エスブイジー）

ロゴやアイコンなど、シンプルな形状を持つグラフィックに最適。サイズ変更で画質が劣化せず、拡大・縮小が頻繁に行われる場合に有用です。

※ 元素材がベクター形式である必要があります。

❹ PDF（ピーディーエフ）

複数ページのデザインカンプをまとめて1つのPDFファイルで書き出すときに使用します。

> 写真はJPG、透過させた画像やグラフィックはPNG、ロゴはSVGで書き出せばOKです！

3　Webサイトの画像素材は「2倍」で書き出す

エクスポート項目左にあるセレクトボックスで、画像を**書き出す倍率**を指定できます。

Webサイトで使用する画像素材を書き出す際には、「2x」を指定して、**2倍のサイズで書き出す**必要があります。

iPhoneやMacBookなどのディスプレイは「Retina Display（レティナディスプレイ）」という**高解像度のディスプレイ**を採用しています。

このディスプレイで等倍サイズの画像を表示した場合には画像が粗く表示されてしまうため、2倍の大きさで書き出して、**縮小して表示する**という手法が取られています。

2倍の大きさで書き出し

Webサイトでは縮小して表示

Chapter 3 - 15

ローカルスタイル（スタイルの定義）

ローカルスタイルは、色やテキストなどのスタイルをあらかじめ定義し、使い回すことができる機能です。ローカルスタイルを使用することで、変更を一括で反映できます。

1 ローカルスタイルとは？

● テキストスタイル

Figmaの「ローカルスタイル」は、色やテキスト、エフェクトなどのスタイルを定義しておき、その設定を使い回すことができる機能です。

たとえば、「**見出し**」のテキストは複数箇所で使用することが想定されます。

複数の場所に配置した「見出し」のフォントサイズを**変更する必要が出てきた場合**、通常であればすべての見出しのフォントサイズを1つ1つ変更していく必要があります。

これをあらかじめ「ローカルスタイル」を使って、見出しのスタイルを定義しておくことにより、定義されたスタイルを変更するだけで、すべての見出し要素に対して**一括で自動的に変更を反映**することができます。

ローカルスタイルはコンポーネントと用途が似ていて、コンポーネントは**パーツのテンプレート**なのに対し、ローカルスタイルはテキスト・色・エフェクトといった**スタイルのテンプレート**です。

本文や見出しのフォントサイズを最初に定義しておくことで、一貫性のあるデザインをつくることができます。

● 色スタイル

テキストと同様に、「色」に関してもローカルスタイルとして定義することができます。

P.37を参考に、メインカラーやベースカラーを選んで、ローカルスタイル（色スタイル）として登録してみましょう。

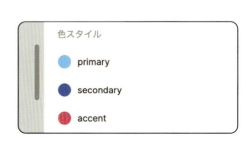

2 ローカルスタイルの登録方法

ローカルスタイルは、2つの方法で登録することができます。

● 既存オブジェクトから登録する

STEP.1 ドット4つのアイコンをクリック

テキストレイヤーを選択した状態で、プロパティパネル「タイポグラフィー」項目右側の**ドット4つのアイコン**をクリックします。

STEP.2 新しいテキストのスタイルを作成

テキストスタイルの右側にある**「＋」アイコン**をクリックするとスタイルの登録画面が表示されるので、スタイル名を入力して登録します。

色スタイルは、同様の手順で「塗り」の項目から登録できます。

● 新規ローカルスタイルを登録する

何も選択していない状態（escキーを押す）でプロパティパネルを確認すると「ローカルスタイル」の項目が表示されます。

項目右側の「＋」アイコンをクリックすると、4種類のスタイル項目（テキスト・色・エフェクト・グリッド）が現れるので、ここから新規スタイルを作成できます。

> **POINT 登録されているローカルスタイルを確認しよう**
>
> 何も選択していない状態（escキーを押す）で、プロパティパネル「ローカルスタイル」の項目から、登録されているローカルスタイルを確認できます。

3 ローカルスタイルの使い方

● ローカルスタイルを適用する

テキストレイヤーを選択した状態で、プロパティパネル「タイポグラフィー」項目右側の**ドット4つのアイコン**をクリックします。

登録されているテキストスタイルの一覧が表示されるので、ここにある**スタイルをクリック**することで対象の要素にスタイルを適用できます。

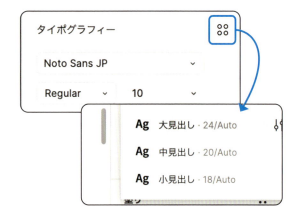

● ローカルスタイルを解除する

テキストスタイルが適用されている場合、プロパティパネルのテキスト項目の代わりに**「テキストスタイル名」が表示**されます。

カーソルを合わせると表示される「スタイルを解除」アイコンから、適用を解除できます。

● ローカルスタイルを編集する

ローカルスタイル名にカーソルを合わせると表示される**「スタイルを編集」アイコン**をクリックすると、プロパティや名前の**編集**ができます。

ローカルスタイルを編集した際には、適用されている**すべての要素に対して変更が加わる**ので注意してください。

> 色スタイルとエフェクトスタイルも同様の手順で、適用・解除・編集を行います。

※ ショートカットキーMac: ⌘ + shift + > or < / Win: Ctrl + Shift + > or < でテキストサイズを変えた場合は、自動でローカルスタイルが解除されます。

Chapter 4

デザイン編

サイトマップと
ワイヤーフレームをつくろう

サイトマップとワイヤーフレームは、制作するWebサイトの全体像を把握するために必要なツールです。デザインを始める前の段階で「サイトマップとワイヤーフレーム」を作成し、制作するWebサイトの全体像を明確にします。

> 事前にサイト全体の構成を考えて、その後の作業をスムーズに行えるようにしましょう。

Chapter 4
01 サイトマップをつくろう

Webサイトの全体像を把握するために、サイトマップは必要不可欠な資料です。サイトに必要なコンテンツを事前に洗い出し、常にアップデートを心がけましょう。

1 サイトマップとは？

サイトマップとは、制作するWebサイトの全体像を表した**図または表**のことです。掲載するWebページの階層構造や関係性を把握するために使用します。

プロジェクトの関係者がWebサイトの設計や構造を議論し、理解するためのツールとしても利用されます。

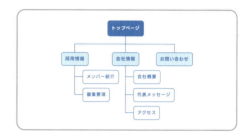

 このサイトマップを元に、次のステップで「ワイヤーフレーム」を作成していきます。

2 サイトマップの作成手順

STEP.1 必要なコンテンツをすべて書き出す

まずは、Webサイトの目的やターゲットを考え、サイトに必要なコンテンツを箇条書きでいいので書き出しましょう。

STEP.2 必要なページを特定する

必要なコンテンツが揃ったら、ページ構成を考えます。たとえば、お問い合わせフォームをトップページの下部に配置するか、1つのページとして存在させるかなどを検討します。

STEP.3 階層構造のサイトマップをつくる

ページを階層的な構造に整理します。通常、トップページ（ホームページ）が最上位にあり、その下に紹介ページやお問い合わせページなどが配置されます。

3 Googleスプレッドシートでサイトマップをつくろう！

サイトマップ作成でオススメのツールが「**Google スプレッドシート**」です。Googleスプレッドシートは Microsoft Excelのような表形式でデータを管理できる無料のオンラインツールです。

スプレッドシートやExcelでサイトマップを作成すると、階層構造だけでなく、ページに必要な情報も同時に各行で管理できるので**実用性の高いサイトマップ**の作成が可能です。

	A	B	C	D	E
1	■■■■.com			コンテンツ	URL
2	トップページ			会社について、お知らせ	/
3		会社情報		各ページへのリンク	/company
4			会社概要	会社情報、経営理念、事業内容	/company/information
5			代表メッセージ	代表者の写真とメッセージ	/company/message
6			アクセス	住所、地図、アクセス方法	/company/access
7		採用情報		各ページへのリンク	/recruit
8			メンバー紹介	メンバー写真、役職・経歴、コメント	/recruit/member
9			募集要項	募集職種、仕事内容、応募方法	/recruit/job
10		お問い合わせ		お問い合わせフォーム、連絡先	/contact

STEP.1 階層構造を表現する

スプレッドシートで階層構造を表現するには、親ページと小ページで列を分けて配置します。

たとえば、親ページであるトップページ（ホームページ）をA列に配置した場合、1つ右隣のB列に小ページを配置します。

STEP.2 コンテンツを記載する

ページ内のコンテンツを掲載する列を設けて、各ページに必要なコンテンツを記載します。

STEP.3 URLを考える

URLを記載する列を設けて、サイト制作時に活用しましょう。URLは、基本的に階層構造を反映します。

> サンプルのサイトマップを用意しました。GoogleDriveにドラッグ＆ドロップして開けます。
> 📁 chapter4/sitemap-sample.xlsx

Chapter 4 02 ワイヤーフレームをつくろう

ワイヤーフレームとは、Webページのコンテンツやレイアウトを設計した、簡易的な図やスケッチのことです。これがデザインカンプのもとになります。

1 ワイヤーフレームとは？

ワイヤーフレームは、Webページに必要なコンテンツやレイアウトを示した**簡易的な図**のことです。Webページの骨組みを視覚化したものともいえます。

Webページのコンテンツ配置や、ユーザー動線を設計するために作成し、これをもとにWebデザイン（デザインカンプの作成）を行います。

2 ワイヤーフレームの作成手順

STEP.1 事前準備したサイトマップを活用しよう

サイトマップでWebサイトに必要なページを洗い出せているので、このサイトマップを参考にワイヤーフレームを作成していきます。

STEP.2 まずはトップページからつくり始めよう

トップページ（ホームページ）は**Webサイトの顔**といえるメインのページです。まずはトップページのざっくりした構成をワイヤーフレームで表現します。

STEP.3 最初のうちは、紙とペンを用意して手書きでつくってみよう

デザインツールを使い慣れていない段階では、紙とペンを使った「**手書きでの作成**」がオススメです。

手書きだと素早く直感的にイメージをアウトプットすることができるので、大体の構成をざっくり手書きで表現してみましょう。

 ワイヤーフレームは決してキレイにつくろうとしないこと！　多少雑でいいので、大まかでざっくり作成することを心がけましょう！

3 Figmaでワイヤーフレームをつくろう！

Figmaでワイヤーフレームを作成することで、デザイン制作の際に**要素を流用できる**といったメリットがあります。Figmaを操作する練習にもなるので、ぜひFigmaでワイヤーフレームを作成してみましょう！

手書きで作成した場合は、それを元にFigmaで清書するのもOK。もしくは写真を撮ってそのデータをFigma上に配置するといった方法でも大丈夫です！

STEP.1　最上位フレームを作成する

Webサイトの必要なページ分、**最上位フレームを作成**します。
（P.77）

フレームサイズには、テンプレートで用意されている「デスクトップサイズ（1440×1024）」で作成してみましょう。

STEP.2　無彩色のオブジェクトを配置していく

ワイヤーフレームはあくまでレイアウトや構成を確認するためのものです。そのため、基本的にはカラーを使用せずに**無彩色で作成**します。

グレーのボックスでエリアや画像のレイアウト、黒のボックスやテキストで見出しや文章の位置を作成していきます。

ユーザーが快適に閲覧できるように、レイアウトを工夫しながら要素を配置しましょう。

POINT　すべてのページをワイヤーフレームでつくる必要はない

必ずしもすべてのページをワイヤーフレームで作成する必要はありません。ある程度レイアウトの想定がつくページなどは、ワイヤーフレームのステップは飛ばして、直接デザイン制作から始めるのもありです。

4-02　ワイヤーフレームをつくろう　107

いろいろなWebサイトを参考にしよう

● Pinterest（ピンタレスト）

画像やアイデアを集めて保存・共有するプラットフォームです。デザインやインスピレーション探しに最適です。

https://jp.pinterest.com

● ikesai.com（イケサイ）

優れた日本のWebサイトを集めたデザインギャラリーサイトです。カテゴリーやタグを使って簡単に検索できます。

https://www.ikesai.com/

● SANKOU!

日本のWebサイトを集めたギャラリーサイトです。特に、モダンで洗練されたデザインが多く紹介されています。

https://sankoudesign.com/

● Parts.

日本のWebデザインパーツを集めたギャラリーサイトです。ヘッダーやボタンなど、特定のパーツごとに紹介されています。

https://partsdesign.net/

● マネるデザイン研究所

優れたデザインのWebサイトをピックアップし、参考になるポイント、応用方法、そして懸念点がまとめられています。

https://maneru-design-lab.net/

Chapter 5

デザイン編

デザインカンプを
つくろう

いよいよ「デザインカンプ制作」にチャレンジです。見本のデザインを再現しながらWebデザイン制作を学んでいきます。
もちろん、写真や色を変えるなどアレンジしてもOKです！

実際のデザインカンプ制作をイメージするために、手を動かしてトライしてみましょう。

Chapter 5 01 デザインカンプの基本

Webサイトの設計図といえるデザインカンプの作成方法を、実際に手を動かしながら学んでいきましょう。

1 デザインカンプって何？

デザインカンプ（Design Comp）とは、Webサイトの「**完成見本**」のことです。

Webサイトの具体的な完成イメージをに示すために、Webデザイナーがデザインツール（本書ではFigma）を使って**イメージ図を作成**します。

デザインカンプは、クライアントへの提案資料として使用したり、開発メンバーがWebサイトを**実装する際の設計図**としても利用されます。

デザインカンプの作成は、Webデザイナーにとってメインの仕事です！

● ワイヤーフレームとどう違うの？

ワイヤーフレームは、Webサイトのレイアウトや機能に焦点を当て「**デザインの骨組み**」として作成します。

それに対し、デザインカンプは、視覚的なデザイン要素に焦点を当て「**実際のビジュアル**」として作成します。

ワイヤーフレーム
骨組み

デザインカンプ
実際のビジュアル

● デザインカンプの大まかな作成手順

事前に作成したワイヤーフレームを元にテキストや画像を配置し、ビジュアルを1つ1つ作成していきます。

Chapter2で学習した、色の基本（P.33）、タイポグラフィ（P.39）、デザインの4原則（P.47）などを踏まえつつ、サイトカラーやフォントの選定、レイアウト調整を行います。

経験が少ないうちは、なかなかスムーズにデザインするのは難しいものです。
いろいろなWebサイトを参考に、**徐々にデザインの引き出しを増やしていきましょう**！

01 ワイヤーフレームで必要なコンテンツや大体の配置が決まっています。

02 ロゴ画像の挿入や要素の大きさ調整、フォントサイズ調整などを行います。

03 サイトカラーを決定し、色の変更や写真素材を挿入します。

04 シャドウや角丸などのディテイルの調整や全体のバランス調整を行い、ひとまず完成。

05 ここからフィードバックなどをもらいいつつ、何度も修正していきます。

実際に使用する写真やテキストをすべて完璧に入れ込む必要はありません。ただし、できる限り**完成イメージに近い情報を入れたほうが完成度が高まります**。

5-01　デザインカンプの基本　111

Chapter 5
02 カフェサイトのデザインカンプをつくろう

Figmaでデザインカンプを制作してみましょう。あくまで見本なので、文言や写真・サイズなどは自由にアレンジを加えてもOKです。

1 デザインカンプの見本を確認しよう

「カフェのWebサイト」を想定としたデザインカンプの見本を用意しました。このデザインを制作する手順を通して、デザインの流れを学習していきましょう。

● デザインカンプ（トップページ）の構成

❶ **カフェのイメージを印象づける**大きな写真を配置し、キャッチコピーでカフェの**コンセプトを提示**しています。

❷ カフェの詳細な説明文と店舗の内観写真を配置し、実際の**店舗イメージをより明確**に伝えます。

❸ 具体的なメニューをいくつか表示しています。その他のメニューや商品の詳細情報を載せるために、さらに**詳細ページを設ける**のもいいでしょう。

❹ **来店してみたいと思うユーザーのために**、店舗へのアクセス情報を記載しています。

❺ 店舗への**連絡が取りやすいように**、お問い合わせのエリアを配置しています。

● お問い合わせフォームについて

カフェサイトでは、お問い合わせフォームを用意せず、電話番号のみを掲載することが多いです。

しかし、比較的案件数が多い**コーポレートサイト**では、ほとんどの場合お問い合わせフォームを設置します。そのため、今回のサイトでも**今後の参考になるようにフォームを設置**しています。

途中わからないところがれば、完成版のFigmaデータと見比べてみましょう。

📁 chapter5/design-coffee.fig

2 デザインファイルを準備しよう

STEP.1 デザインファイルを作成

Figmaの下書きの中に、デザインファイルを作成します。デザインファイル名は「**design-coffee**」に変更します。

※基本的には、1サイトにつき1つのデザインファイルを用意してデザインを作成していきます。

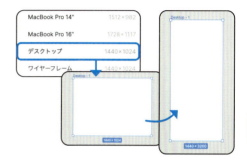

STEP.2 最上位フレームを配置

フレームツールで土台となる最上位フレーム（アートボード）を作成します。サイズはデフォルトで用意されているデスクトップサイズ **1440 × 1024** で作成します。

Webページは縦長になるので、あらかじめ最上位フレームの縦サイズを大きく広げておきましょう。

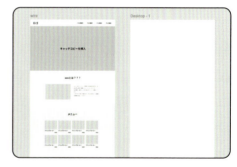

STEP.3 隣にワイヤーフレームを配置

ワイヤーフレームを参考にデザインカンプを作成していくので、隣にワイヤーフレームを配置します。

ワイヤーフレームの精度が高いものであれば、**ワイヤーフレーム自体を編集することも可能**です。

※今回はデザインをトレース（模写）しながら進めていくため、ワイヤーフレームがなくても制作を進められます。

Figmaの操作でわからないことがあれば、Chapter3を見返しましょう。

豆知識　.figファイルの開き方

拡張子「.fig」のファイルは、Figmaのデザインファイルです。Figmaのホーム画面の「+新規作成」ボタン→「インポート」項目から.figファイルを開くことができます。

3 コンテナ幅のガイドを作成しよう

● コンテナ幅とは？

デザインカンプにおける「コンテナ幅」とは、各セクション内の**コンテンツを収めるための最大幅**を指します。

各セクションで共通のコンテンツ幅を設定することで、コンテンツが**横に広がりすぎるのを防ぎ**、統一感のある整ったレイアウトを実現できます。

コンテナ幅は一般的に **1080〜1200px** の範囲で設定されることが多いです。

● ガイドを作成しよう

最上位フレームを選択した状態で、プロパティパネル「**レイアウトグリッド**」項目右側の「+」ボタンをクリックして、レイアウトグリッドを適用します。さらに左側のアイコンから、「**設定画面**」を開きます。

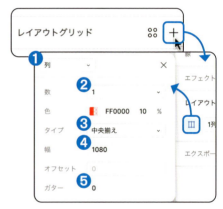

❶ グリッドの種類を「**列**」に設定します。
❷ 1カラムのコンテナ幅を設けるので「**1**」とします。
❸ 揃える種類を「**中央揃え**」に設定します。
❹ 一般的な幅である「**1080px**」に設定します。
❺ ガター（カラム間の余白）を設定すると中央がガイド色で塗られてしまうため、「**0**」を指定します。

豆知識 ガイドを切り替えながらデザインしよう！

作成したガイドは、**ショートカットキー shift + G で表示/非表示を切り替える**ことができます。

ガイドを常に表示しているとデザインの確認に影響があるため、レイアウトを組んだり確認したりするときはガイドを表示し、それ以外のときは非表示で作業しましょう。

4 色スタイルを用意しよう

● サイトで使用するカラー

今回作成するサイトで使用する色は、カフェのイメージに合わせて落ち着いたカラーを選択しました。

これらの色を「**70:25:5のルール**」(P.38) に基づき、各割合を意識しながら配色していきます。

● 色スタイルを定義する

使用するカラーをあらかじめ「**色スタイル**」として定義することで、色を便利に設定することができます。

❶ 何も選択していない状態（ esc キーを押す）で、プロパティパネルの「**ローカルスタイル**」項目にある「**＋**」アイコンから「**色**」を選択します。

❷ 色の名前（日本語でも英語でもOK）と、カラーコードを入力し、「**スタイルの作成**」ボタンをクリックします。

同様の手順で、使用するすべてのカラーを定義しておきましょう。

5 フォントを確認しよう

● 使用するフォント

今回作成するデザインには、日本語フォント「**Noto Sans Japanese**」、欧文フォント「**Montserrat**」を使用します。Figmaにはデフォルトで**Google Fontsがインストールされている**ため、これらのフォントはすでに使用できる状態になっています。

> 📎 **MEMO**
>
> Google Fonts以外のフォントを使用する場合は、パソコンにフォントをインストールする必要があります。詳しくは、ローカルフォント（P.53）を参照してください。

Chapter 5 03 「ヘッダー」の デザインをつくろう

▼ 動画レッスン

まずは、Webサイトの一番上にあるヘッダーのデザインを作成しましょう。ヘッダーはサイト内の主要なナビゲーションを提供する重要な部分です。

― ヘッダーのデザイン見本 ―

1 ヘッダーのボックスを作成する

まずはヘッダーの土台となる**背景ボックス（長方形）**を作成します。長方形ツールを選択して、横に長い四角形を作成して最上位フレームの一番上に配置します。

ヘッダーをわかりやすくするために、**一時的に薄いグレーの背景色**をつけておきます。

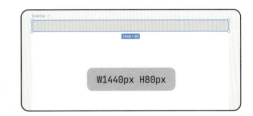

W1440px H80px

2 ロゴ画像ファイルを取り込もう

ヘッダーにロゴを配置するために、まずはFigma上にロゴ画像のデータを取り込みましょう。

📁 chapter5/assets/logo.svg

画像ファイルを**Figma上にドラッグ＆ドロップ**すると、画像が取り込まれます。

● ロゴのパターンを作成

ロゴを配置の背景色に応じて、**カラーのロゴ**と**白いロゴ**を**切り替えて**表示します。

2つのロゴをFigmaに取り込み、2つのロゴを選択して**コンポーネントセット**を作成します。

📁 chapter5/assets/logo-white.svg

3 ロゴのサイズと位置を調整しよう

拡大縮小ツールを選択して、ロゴを適切なサイズに変更します。ヘッダーの上下に余白ができるくらいのサイズに調整しましょう。

また、コーディングのことも考えて、**極力キレイな数値が望ましい**です。たとえば、59pxや101pxなどは避け、60pxや100px、もしくは8の倍数などを心がけましょう。

最初のうちは**ある程度大雑把で粗くてもまったく問題ありません**。キレイにつくることを意識するのも必要ですが、それはある程度慣れてきてからでも大丈夫です。

● レイヤーの重なり順を変更する

たとえば、ロゴが背景ボックスの奥に配置されてしまうなど、オブジェクトの**重なり順**が思った通りにならないことがよくあります。

そんなときは、画面左にある「**レイヤーパネル**」でレイヤーの上下関係を確認しましょう。レイヤーの順番を変更し、要素の重なり順を正しく設定できます。

※詳しくは、P.73

豆知識 ロゴってどうして左上にあるの？

Webサイトにおけるユーザビリティ研究の第一人者である**ヤコブ・ニールセン**の研究によれば、Webサイトは左上から右下に向かって閲覧されることが明らかになっています（Zの法則）。

これにより、ユーザーが最初に目にする部分にブランドのロゴを配置することで、**ブランドの認知度やアイデンティティを高める**ことができます。

また、その慣習が定着し、ユーザーもロゴが左上（もしくは画面上部中央）にあることを期待しているため、**利便性を高める**ことにもつながります。

ユーザーの目線移動（Zの法則）

4 グローバルナビゲーションをつくろう

グローバルナビゲーションとは、**サイト内の主要なページやセクションにアクセスするためのナビゲーションメニュー**のことです。これにより、**ユーザーはサイトの構成や全体像を把握しやすくなります**。

● テキストを配置

テキストツールを選択して、キャンバスをクリックし、テキストを入力します。プロパティパネルで、フォントの種類、色、サイズなどを調整します。

● テキストを複製してメニュー項目を増やす

`option`キーを押しながらテキストを**ドラッグ＆ドロップ**して複製し、テキストを変更します。

ショートカットキー
Mac：`option` + ドラッグ＆ドロップ
Win：`Alt` + ドラッグ＆ドロップ

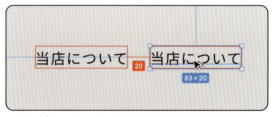

※コピー＆ペーストの操作でも同様に複製できます。

● メニュー項目をオートレイアウト機能を使って便利に並べる

STEP.1 オートレイアウトを適用

メニュー項目のテキストレイヤーをすべて選択した状態で、`shift`キーを押した状態で`A`キーを押すと、オートレイアウトが適用されます。

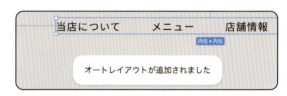

※ 画面下部に、「オートレイアウトが追加されました」というコメントが表示されます。

STEP.2 レイヤーパネルを確認

レイヤーパネルを見てみると、2つのテキストを内包するフレームが作成されています。

STEP.3 プロパティを調整

フレームを選択し、プロパティパネル**「オートレイアウト」項目**で、横幅の設定や並べる方向、間隔を右図のように調整します。

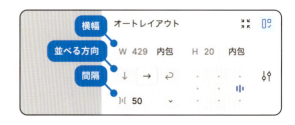

5 ヘッダーのオブジェクトを整列させよう

作成した**背景ボックス・ロゴ・ナビゲーション**をキレイに整列させましょう。

3つのオブジェクトを選択した状態で、プロパティパネル「**位置**」にある「**垂直方向の中央揃え**」のアイコンをクリックして整列させます。

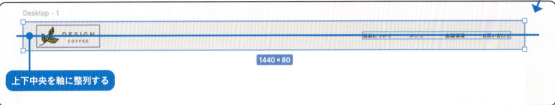

ページ左端からロゴまでの距離と、ページ右端からナビゲーションまでの距離も合わせて調整しましょう。

ロゴ左の余白：40px　　ナビゲーション右の余白：40px

POINT 「ガイド表示」を活用しよう！

オブジェクトを移動すると、周りのオブジェクトとの関係性を示す「**赤いガイド**」が表示されます。このガイドを活用することで、周りの要素に揃えて配置することができます。

また、Mac: option / Win: Alt キーを押しながら他の要素にカーソルを合わせることで、より詳細な情報を表示することができます。

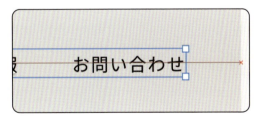

移動中に表示されるガイド

キーを押しながら表示されるガイド

最後に背景色を白にして、ヘッダーはひとまず完成です！

Chapter 5
04

「ヒーローセクション」のデザインをつくろう

ヒーローセクションは、ホームページのトップに重要なコンテンツやメッセージを目立たせるための大きなエリアです。ユーザーの興味を引きつけ、行動を促進するのに役立ちます。

「ヒーローセクション」のデザイン見本

1 ボックスの背景に画像を挿入する

STEP.1 四角形のボックスを作成

ヘッダーのときと同様に、長方形ツールを使って四角形のボックスを配置します。

STEP.2 塗りに画像を適用

プロパティパネル「塗り」項目から、塗りの種類を画像に変更します。すると白黒格子のダミー画像が挿入された状態になります。

「コンピューターからアップロード」から画像を選択します。

📁 chapter5/assets/hero.jpg

STEP.3　黒のオーバーレイを追加

プロパティパネル「塗り」項目の「+」アイコンをクリックして黒のオーバーレイを追加します。上に載せるテキストを見やすくする効果があります。

2　キャッチフレーズと説明文を配置しよう

STEP.1　キャッチコピーを作成

テキストツールでクリックしてテキストレイヤーを挿入し、キャッチコピーのテキストを挿入します。

プロパティパネル「**タイポグラフィー**」項目で、フォントの種類、太さ、サイズを変更します。また、「塗り」項目で**文字色をホワイト**に変更します。

STEP.2　説明文を追加

キャッチコピーと同様の手順で、説明文のテキストを作成します。日本語の文章は、読みやすくするために**左右の間隔**を少し空けましょう。

STEP.3　2つのテキストをグループ化

テキスト同士の間隔を空けて配置し、2つのテキストをグループ化（Mac: ⌘ + G / Win: Ctrl + G）します。

※ オブジェクト同士の間隔を確認するには、オブジェクトを選択した状態で、Mac: option / Win: Alt キーを押しながらカーソルを動かします。

STEP.4　セクション中央に配置

画像のボックスとテキストグループの2つを選択し、プロパティパネル「**位置**」の「水平方向の中央揃え」と「垂直方向の中央揃え」をクリックして、上下左右中央に揃えます。

セクションごとにグループ化しておくと便利です！

3 スクロールボタンを設置しよう

訪れたユーザーを下のセクションに誘導するために、スクロールさせるボタンを配置してみましょう。

● アイコンボタンの作成

STEP.1 アイコン画像を用意

まずはアイコン画像をFigma上に挿入します。

📁 chapter5/assets/chevron-down.svg

STEP.2 正方形のフレームを用意

フレームを用意してオートレイアウトを適用し、子オブジェクトの配置を「**中央揃え**」に設定します。

固定幅、固定高さに設定して、正方形になるように同じ数値を指定し、塗りも適用します。

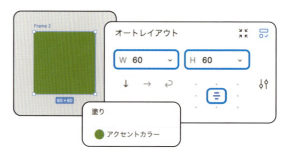

STEP.3 フレームの中にアイコンを入れる

フレームの中にアイコンをドラッグして挿入し、線の色を白に変更します。

STEP.4 フレームのスタイルを変更

プロパティパネル「外見」にある「**角の半径**」に、四角が**円になるように**、大きめの数値を入れます。

プロパティパネル「エフェクト」項目から**ドロップシャドウ**を追加して、数値を調整し、少し浮いているような印象を作ります。

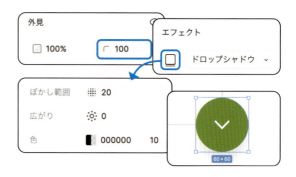

STEP.5 アイコンをセクション下部に配置

作成したアイコンをヒーローセクション下部中央に配置します。ドラッグする際に表示される赤いガイドを活用して左右中央にしましょう。

Chapter 5 / 05

「見出し」のコンポーネントをつくろう

トップページの各セクションに共通の見出しを配置します。共通の要素を作成する際にはコンポーネント機能を活用しましょう。

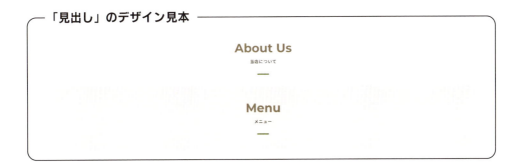

「見出し」のデザイン見本

1 「見出し」のコンポーネントを作成する

STEP.1 テキストと四角形の装飾を作成

テキストツールで英語と日本語の**テキスト**、シェイプツールで**四角形の装飾**を作成します。

プロパティパネル「塗り」項目右側にある「**ドット4つのアイコン**」から、色スタイルで定義しておいたカラーをそれぞれに適用します。

STEP.2 間隔を空けて配置

2つのテキストとシェイプを、バランスを見ながら間隔を空けて配置します。

STEP.3 コンポーネント化

3つのオブジェクトを選択した状態で、プロパティパネル「フレーム」項目右側の「**菱形4つのアイコン**」をクリックし、コンポーネントにします。

コンポーネント名は「**見出し**」に変更しましょう。

ステップアップ 色を反転させたバリアントを用意しよう!

明るい背景と暗い背景に同じコンポーネントを配置すると、背景との境目があいまいになり、**見えづらい印象**を与えることがあります。

このような場合は、背景色ごとに変更可能な、**バリアントのパターン**を作成してみましょう。

見えやすい / 見えづらい

STEP. 1 バリアントを追加

コンポーネントを選択し、プロパティパネル**「コンポーネント名」右側の「+」アイコン**をクリックしてバリアントを追加。**バリアント名を「暗い背景用」に変更**します。

STEP. 2 暗い背景用内のレイヤーを選択

暗い背景用の中にある**3つのレイヤーを選択**します。レイヤーパネルから選択、もしくは、Mac:⌘ / Win: Ctrl キーを押しながらクリックして、中のレイヤーを直接選択できます。

中の3つのレイヤーを選択

STEP. 3 オブジェクトの色を変更

プロパティパネル「塗り」項目の右側にある「ドット4つのアイコン」から、色スタイルで定義した**「ホワイト」**を適用します。

● バリアントの使い方

コンポーネントを選択して、プロパティパネル「コンポーネント名」にあるセレクトボックスを、**「暗い背景用」**に変更すると表示が切り替わります。

詳しくは「コンポーネント機能を使ってみよう」P.86をチェック!

Chapter 5
06 「当店について」のセクションをつくろう

カフェの雰囲気やこだわりを伝える、「当店について」のセクションを作成しましょう。

「当店について」のデザイン見本

---

1 レイアウトを考える

まずは要素をどのように配置するかを**イメージしましょう。**

左側には写真を配置し、右側にはカフェのロゴや紹介する文章を表示したいと思います。

画像とテキストの間を空けたいので、今回は**60pxの間隔**を設けます。

これらのオブジェクトは、ガイドで作成したコンテナ幅（1080px）の中に収めたいので、それぞれの横幅は**510px**で作成します。

これを念頭に、各パーツ類を配置していきます。

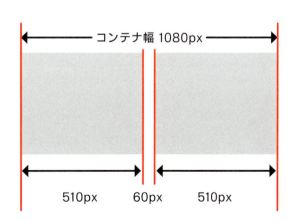

デザインは、余白の大きさ1つで印象が大きく変わります。今回は見本があるのでサイズがすでに決まっていますが、実際のデザイン作業では、**何度もバランスを見ながら変更を加え**、最終的なサイズを確定していきます。

2 左側に画像を配置

STEP.1 写真ファイルを挿入

写真ファイルをドラッグ＆ドロップしてFigma上に配置します。

📁 chapter5/assets/about.jpg

STEP.2 画像サイズを指定

プロパティパネルで、画像のサイズを入力すると、画像はトリミング（切り取り）されて表示されます。

STEP.3 トリミングの調整

プロパティパネル「塗り」項目から「**画像オプションメニュー**」を開きます。

塗りの種類を「トリミング」に変更し、写真の拡大縮小・位置の移動をして表示を調整します。

※「写真サイズの拡大縮小」では、Shiftキーを押しながらドラッグすることで比率を保った伸縮が可能です。

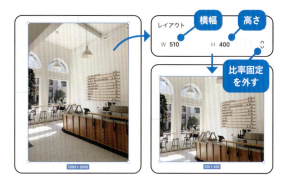

● 写真補正と角丸の適用

「画像オプションメニュー」下部の**スライダーを調整**して、写真の補正を行います。

プロパティパネル「外見」項目にある「角の半径」に数値を入力して、**画像を角丸**にします。

3 右側にテキスト類を配置

STEP.1 ロゴのインスタンスを配置

すでに作成しているロゴのコンポーネントから、「インスタンス」を作成（コンポーネントを複製）し、サイズを拡大縮小ツールで変更します。

STEP.2　テキストレイヤーを作成

キャッチコピーと説明文をつくるために、テキストツールでテキストを2つ作成し、タイポグラフィ項目をそれぞれ調整します。

説明文は横幅を510pxの固定、高さは自動で変化させたいので、レイアウト項目の「**高さの自動調整**」を選択します。

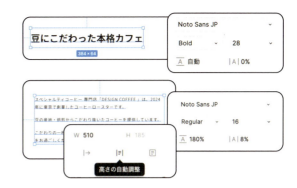

● ロゴとテキストを「オートレイアウト」で配置しよう

STEP.1　オートレイアウトを適用

3つのオブジェクトを選択して、プロパティパネル「レイアウト」項目からオートレイアウトを適用します。

STEP.2　間隔を調整

アイテムの上下の間隔に数値を入力し、オブジェクト同士の間隔を調整します。

4　見出し、画像、テキスト類を配置

見出しコンポーネント（P.123）のインスタンス、画像、テキスト類を、適切な間隔を設けて配置していきます。`option`キーを押しながらカーソルを動かすと、オブジェクト同士の間隔を確認できます。全体のバランスを見ながらオブジェクトを配置します。

Chapter 5 07 「メニュー」のセクションをつくろう

お店の代表的なメニューの写真と名前、料金をカード型のリスト形式で表示してみましょう。

「メニュー」のデザイン見本

1 カードのコンポーネントを作成する

● 横幅を変えられるカードをつくろう

カードの横幅は、カード同士の間隔や列の数に応じて変化します。そのため、**横幅が変わってもレイアウトが崩れない組み方**をしましょう。

・**外枠は「固定幅」、中身は「拡大」**

一番外側のフレームのみ横幅を**固定幅**に設定し、中のオブジェクトの横幅はすべて「**コンテナに合わせて拡大**」に設定します。

これで外枠のフレームの横幅を変更すると、中のオブジェクトの幅は自動で変化します。

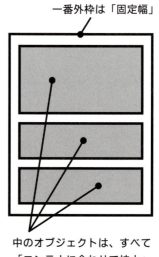

一番外枠は「固定幅」

中のオブジェクトは、すべて「コンテナに合わせて拡大」

STEP.1 要素をオートレイアウトで配置

まずは、画像、メニュー名、価格の3つのオブジェクトを作成します。3つのオブジェクトを選択して、プロパティパネル「レイアウト」項目から**オートレイアウト**を適用します。

📁 chapter5/assets/menu-1.jpg

> レイヤーの変化に注目しよう！

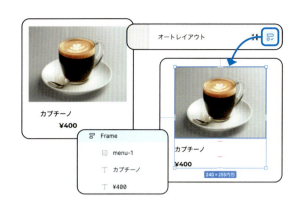

STEP.2 外は「固定幅」、中身は「拡大」

一番外枠のフレームが**固定幅**、中のオブジェクトが「**コンテナに合わせて拡大**」になっていることを確認しましょう。

> 縦並びにオートレイアウトが適用された場合、自動でこの状態になります。

・大きさを変更して確認してみよう！

わかりやすいようにテキスト量を増やしてから、**フレームの横幅を伸縮**させてみます。

フレームの大きさに合わせて、画像とテキストが変化していればOKです。

● 全体調整とコンポーネント化

フレームの塗りに白スタイル「ホワイト」を適用し、余白（パディング）や角丸、上下の間隔を調整して、カードのデザインを作成します。**見本と異なる点があってもいい**ので、バランスを見ながら調整してみましょう。

最後に、プロパティパネル「フレーム」項目で、カードを**コンポーネント**にしておきましょう。コンポーネント名は適宜変更して構いません。

2 カードをリスト状に並べて配置しよう

● 背景に色のついた四角形を敷こう

作成したカードのコンポーネントは背景が白いので、作業がしやすいように事前に**背景色（ベースカラー）のついたボックス**を用意しましょう。

高さは中のコンテンツによって最終的に変化するので、まずは適当な高さで大丈夫です。

● レイアウトを使って、4列のリストを作成

STEP.1 オートレイアウトで並べる

カードコンポーネントから**4つのインスタンスを作成**し、すべて選択した状態でレイヤーパネルの「レイアウト」項目から**オートレイアウトを適用**します。

※管理しやすいように、親コンポーネントは最上位フレームの外（キャンバス上）に配置しておきます。

STEP.2 フレームの設定

フレームの横幅をコンテナ幅である**1080px（固定幅）に設定**し、**折り返し**と**間隔**を設定します。

カードの横幅とカード同士の間隔をバランスを見ながら調整していきます。

※見本では、カード幅255px、間隔を20pxに設定しています。

STEP.3 リスト項目を増やす

カードを複製（コピペ）していくと、2段3段とカードが**自動で整列して配置**されていきます。

最後に、見出しや背景ボックスのバランスを整えて、セクション全体を完成させましょう。

3 カードの内容を変更しよう

STEP.1 テキストの変更

テキストツールで、**商品名と料金**を実際のメニューを想定した内容に変更します。

STEP.2 画像のレイヤーを選択

コンポーネント内の**画像のレイヤー**を選択します。Mac:⌘ / Win:Ctrl キーを押しながらクリックすることで、深い階層のレイヤーでも直接選択できます。

STEP.3 塗りの変更

プロパティパネル「塗り」の項目にある**画像のサムネイル**をクリックします。

プレビューにカーソルを合わせると表示される「**コンピューターからアップロード**」をクリックし、挿入する画像を選択すれば、商品写真が変更されます。

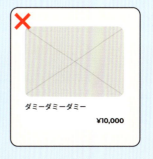

豆知識　サンプルの内容にこだわろう！

デザインカンプを作成する際、商品の情報などの**掲載する内容が未確定**なことがよくあります。

こういったときに、デザイン内のテキストを「ダミーダミーダミー」や「説明文が掲載される場所です」といったサンプルで代用してしまうと、**完成時のイメージがつかみにくく**なってしまいます。

そのため、テキストや画像は**可能な限り実際に掲載する内容に近いもの**を入れるようにしましょう。

これだけでも、デザインカンプのクオリティが大幅に向上します！

Chapter 5 08

「店舗情報」のセクションをつくろう

店舗の基本情報と、ユーザーがアクセスしやすくなるようにマップを表示しましょう。

「店舗情報」のデザイン見本

1 テーブルを作成する

● 行のコンポーネントをつくる

行のコンポーネントを作成することで、セルの幅の調整が便利になります。ただし、難易度が少し高いため、まずはパーツを単に配置していくだけでもまったく問題ありません。

STEP.1 テキストを2つ並べる

項目名と内容のテキストをそれぞれ用意し、**オートレイアウトを適用して横並び**にします。

フレームの横幅は**固定幅**に設定します。

STEP.2 テキストを固定幅と拡大に

項目名のテキストは「**固定幅**」に、内容のテキストは「**コンテナに合わせて拡大**」に変更します。

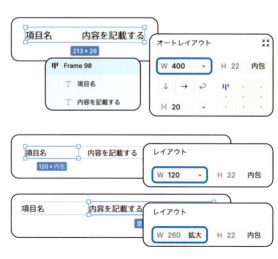

このように組んでおくことで、内容が2行になっても適切に折り返すようになります。

132　Chapter 5　デザインカンプをつくろう

STEP.3 余白と線をつけて、コンポーネント化

フレームの**上下左右に余白**を設定し、**左右の間隔も設定**しましょう。上辺のみに線を適用、色をグレー（#cccccc）に変更します。

これを**コンポーネント化**しましょう。

● 縦方向に並べて配置する

STEP.1 行のコンポーネントを複製

行のコンポーネントから 4 つのインスタンスを作成し、縦に並べます。

STEP.2 オートレイアウトで縦に並べる

4 つのインスタンスを選択し、オートレイアウトを適用します。並べる方向は**縦方向**、**余白や間隔はすべて「0」**に設定します。

● 横幅を変更可能にしよう

メニューとカード（P.128）と同じく、横幅の変更に柔軟なレイアウトを組むには、一番外枠を「**固定幅**」、中身の横幅を「**拡大**」に設定します。

これで、外枠の幅を変更すると、中のテキストが自動で適切な幅に設定されます。テーブル内のテキストを入力して完成させましょう。

あとは店舗名のテキスト（DESIGN COFFEE デザインコーヒー）を作成し、見出しのコンポーネント（インスタンス）、テーブルを左半分のエリアに配置しましょう。

2 マップを配置する

ユーザーが来店しやすくするためにマップを配置しましょう。大きく分けて次の2つの方法があります。

❶ マップのイラストを配置
この方法は、画像を表示するだけなので実装が非常に簡単です。ただし、マップのイラストを作成する作業が必要になります。

❷ マップの埋め込み
この方法は一般的に「**Google Map**」を埋め込みます。画像ではないため、マップの拡大縮小が可能で、より便利に使用できます。

❶ マップのイラスト
・イラスト作成が必要
・設置がラク

❷ Google Map
・利便性が高い
・埋め込み作業が必要

● デザインカンプでGoogle Mapを表現する

Figmaでは、基本の機能では**Google Mapを埋め込むことができません**。そのため、実装のイメージを作成するために、マップの**スクリーンショット（画面キャプチャ）を配置**します。

STEP.1 地図のスクリーンショットを撮影

Google Map（https://www.google.co.jp/maps/）にアクセスして、検索ボックスに住所を入れて検索します。

地図上にピンを立てて中央に表示し、任意の縮尺でスクリーンショットを撮影します。

ショートカットキー
Mac: ⌘ + shift + 4
Win: ⊞ + Shift + S

STEP.2 フレームでクロップして配置

任意の大きさのフレームを用意し、中にマップのスクリーンショットを配置します。プロパティパネル「レイアウト」項目にある「**コンテンツを隠す**」にチェックを入れると、フレームの大きさにマップがクロップ（切り抜き）されて表示されます。

スクショの大きさ
フレームの大きさ

ステップアップ　デザインをつくってみよう！

トップページには、他にも「**お問い合わせ**」のセクションと、「**フッター**」があります。

どちらも、これまでに学習してきた内容で作成できるので、**デザイン見本を参考に作成してみましょう**！

まずは自力でつくってみて、その後に見本の**デザインカンプと比較**してみましょう。

「お問い合わせ」のデザイン見本

見出しはコンポーネントをコピーして、インスタンスを配置します。ボタンはP.84を参考に作成してみましょう！

「フッター」のデザイン見本

ヘッダーのナビゲーションをコピーすれば効率よく作成できそう！

Chapter 5 09 「お問い合わせ」ページのデザインをつくろう

入力フォーム（ユーザーがデータを入力し送信するための仕組み）を設置して、ユーザーが不明点などを問い合わせできるようにしましょう。トップページとは別のページとしてつくります。

―「お問い合わせページ」のデザイン見本―

1 ヘッダーとフッターをコンポーネント化

ヘッダーとフッターは全ページ共通で使用するため、どちらも「**コンポーネント**」にしておきます。

複数箇所で使用するパーツは、基本的に**コンポーネント**にしましょう。

2 新しく最上位フレームを用意する

新しく「お問い合わせページ」を作成します。

STEP.1 トップページを複製

トップページの最上位フレームを選択して、コピー＆ペーストで隣に複製します。

STEP.2 オブジェクトの削除

ヘッダー・フッター以外のオブジェクトを削除し、背景色を設定しておきます。

3 下層ページの見出しを作成する

下層ページとは、Webサイトのトップページ（ホームページ）からリンクされている、より詳細な情報を提供するページのことです。今回、下層ページはお問い合わせページの1ページのみですが、**下層ページは複数作成されることが多い**ため、下層ページの見出しも**コンポーネントとして作成**しましょう。

STEP.1 テキストをオートレイアウトで並べる

2つのテキストを作成し、サイズや太さなどを適宜調整します。

2つのテキストを選択し、プロパティパネル「レイアウト」項目からオートレイアウトを適用し、配置は**左右中央寄せ**に設定します。上下の間隔も調整しましょう。

STEP.2 コンポーネント化

プロパティパネル「フレーム」項目右側の「**菱形4つのアイコン**」をクリックし、**コンポーネント化**します。

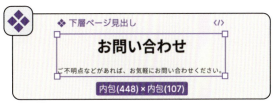

フレームを**固定幅**、テキストを**コンテナに合わせて拡大**に設定すれば、**自動改行**するレイアウトを組めます。

4 フォームパーツをつくる

テキスト入力フォームは、「**ラベル**」と「**入力フィールド**」のセットが基本です。

それぞれをコンポーネントとして作成し、その2つを組み合わせて、さらに「**テキスト入力フォームのコンポーネント**」を作成します。

● 「ラベル」と「テキスト入力フィールド」、2つのコンポーネントを作成

・「ラベル」のコンポーネントを作成

テキストを作成し、文字サイズ等を調整します。

「**コンポーネントを作成**」をクリックして、ラベルのコンポーネントを作成します。

・「テキスト入力フィールド」を作成

テキストを作成し、サイズや色を調整します。

オートレイアウトを適用し、フレームは「**固定幅**」に、中のテキストは、「**コンテナに合わせて拡大**」に設定します。

フレームに背景色・余白・ボーダー・角丸を設定し、ラベル同様、テキスト入力フィールドの**コンポーネント**にします。

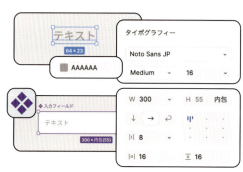

● テキスト入力フィールドに、「テキストエリア」のバリアントを作成する

STEP.1 バリアントを追加

テキスト入力フィールドのコンポーネントを選択し、バリアントを追加します。

STEP.2 複数行の高さを設ける

追加したバリアントの中のテキストを改行して高さを設けます（フレームおよびテキストの高さが「内包」になっていることで入力フィールドを広げられます）。バリアント名はそれぞれ「テキスト入力」「テキストエリア」に変更します。

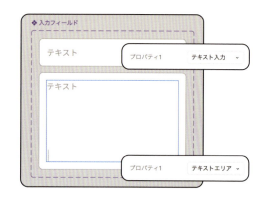

●「テキスト入力フォーム」のコンポーネントを作成

STEP.1 2つのインスタンスを並べる

ラベルのコンポーネント、テキスト入力フィールドの2つのコンポーネントを複製し（インスタンスの作成）**上下に並べて**配置します。

STEP.2 オートレイアウトを適用する

2つのインスタンスを選択して、プロパティパネル「レイアウト」項目から、オートレイアウトを適用します。

STEP.3 外は固定幅、中を拡大幅に

フレームは「**固定幅**」、中のインスタンス類は横幅が「**コンテナに合わせて拡大**」になっているか確認しましょう（基本的には自動で変更されます）。

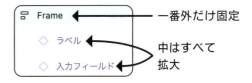

STEP.4 コンポーネント化

プロパティパネル「フレーム」項目右側の「**菱形4つのアイコン**」をクリックし、テキスト入力フォームの**コンポーネント**にします。

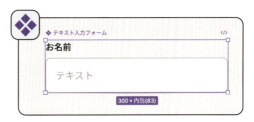

 手順が少し複雑なので、実際のFigmaファイルを確認しながら作業してみてください。

5 「送信ボタン」パーツを作成する

入力フォームに入力した内容を送信するための「**送信ボタン**」も作成しておきましょう。ボタンの作成方法は、P.84で解説しています。

作成したボタンは、**コンポーネント**にします。

5-09 「お問い合わせ」ページのデザインをつくろう

6　パーツを組み合わせて「フォーム」を作成する

● フォームのレイアウトを組む

STEP.1　コンポーネントを並べる

テキスト入力フォームのインスタンス（コンポーネントを複製したもの）3つと、ボタンのインスタンス1つを縦一列に並べて配置します。

STEP.2　オートレイアウトを適用

インスタンスをすべて選択した状態で、プロパティパネル「レイアウト」項目から**オートレイアウトを適用**し、間隔を調整します。

STEP.3　フレームを固定・中身を拡大に

フレームの横幅を「**固定幅**」に、中のインスタンス類は「**コンテナに合わせて拡大**」に設定します。

STEP.4　フレームにスタイルを適用

フレームに、余白（パディング）、背景色、角丸、ドロップシャドウを適用して、デザインを完成させます。

● 1つをテキストエリアに変更

3つ目のテキスト入力フォーム内の「テキスト入力フィールド」を選択し、プロパティパネルの値で「**テキストエリア**」を選択します。

中のインスタンスを選択

入力フィールドのインスタンスを選択して変更する点に注意です！

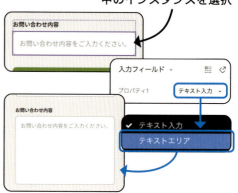

● フォームの横幅を変更してみよう

一番外側のフレームの**横幅**を**伸縮**して、中のオブジェクトがフレームの変化に応じて**自動**で**伸縮**すれば正しく組めています。

もしオブジェクトが飛び出たり、崩れてしまう場合は、設定を見直してみましょう。

● パーツを配置して完成

上から、ヘッダー、ページの見出し、フォーム、フッターの順に並べ、**余白を適切に保って配置**します。

Mac: option / Win: Alt キーを押しながらカーソルを他の要素に当てることで、要素同士の距離を確認できます。

要素を動かす際に表示される中央配置のガイドも参考にしながら**キレイに配置しましょう**！

ステップアップ　必須・任意の表示を作成してみよう！

入力フォーム項目に必須項目を設ける際には、ラベル内に**「必須マーク」の表示**をつくります。

必須と任意、2つのバリアントを持つコンポーネントを作成し、ラベルコンポーネント内にオートレイアウト機能を使って横に並べます。エラー表示も必要になってくるので、一緒に用意しておきましょう。

Chapter 5 - 10 スマホサイズのデザインをつくろう

パソコンサイズのデザインが完成したら、スマートフォンサイズのデザインを作成しましょう。基本的には、パソコンサイズのパーツをリサイズして作成します。

1 Webページはさまざまなデバイスで閲覧される

Webページは、パソコン、タブレット、スマートフォンなど、**さまざまな画面幅のデバイス**での閲覧が想定されています。これらすべてのデバイスで**共通のデザインを快適に閲覧するのは難しい**ものです。

パソコン

タブレット

スマホ

そのため、各デバイスで最適な閲覧体験を提供するために、**同じパーツを使用しながらも、レイアウトやサイズを調整する必要**があります。

● スマホサイズのデザイン作成

デザインカンプは、パソコンサイズとスマホサイズの2パターンを用意するのが一般的です。

タブレットでの表示に関しては、デザインカンプを作成せず、コーディングによってレイアウトが崩れないように調整しましょう。

パソコンサイズのデザインパーツを複製して、サイズやレイアウトを変更しながらスマホサイズのデザインを作成してみましょう！

制作の流れ

1. パソコンサイズの
   デザインカンプ作成

2. スマホサイズの
   デザインカンプ作成

3. タブレットサイズは
   コーディングで対応

2 スマホのデザインを作成しよう

● 最上位フレームの作成

STEP.1 テンプレートからフレームを作成

フレームツールを選択した状態でプロパティパネルのフレーム項目、スマホの項目にある**「横幅390px」のテンプレート**を選択して配置します。

STEP.2 パソコンのデザインを横に配置

パソコンのデザインカンプにフレームを並べて高さを広げ、**スマホのデザインを作成**していきます。

● ヘッダーのスマホデザイン

横並びに配置されたテキストリンクは、画面幅が小さくなると画面に収まりきらなくなります。そこで、**文字サイズを小さく**し、**リンク同士の間隔を狭く**することで、小さな画面でも表示できるようにします。

さらに画面が小さくなり、レイアウトを維持できなくなった場合は、ロゴと横並びだったナビゲーションを**段落ち**させることで、スマホの画面でも表示できるようにします。

ステップアップ　ハンバーガーメニューを使おう！

ナビゲーション項目が多く、画面に収まらない場合は、**ハンバーガーメニュー**の導入がオススメです。

実装に少し手間はかかりますが、小さい画面でもスムーズにナビゲーションを利用できるようになります。

その他のセクションについても、スマホサイズのデザインを作成してみましょう。基本的には、**サイズを変更**するか、**レイアウトを変更**するかのどちらかの作業がほとんどです。

column

トレースで「デザインの引き出し」を増やそう

● Webサイトのトレースとは？

Webサイトのトレースとは、既存のWebサイトのデザインを**模倣して再現する練習方法**です。この手法は、デザインツールのスキルアップや、デザインの「引き出し」を増やすことにつながります。

STEP.1 好きなサイトを見つける

ギャラリーサイト（P.108）などを活用して、トレースをするWebサイトを見つけ、スクリーンショットを撮影します。スクリーンショットの撮影は、Google Chromeの拡張機能「Awesome Screenshot(https://www.awesomescreenshot.com/)」がオススメです。

STEP.2 スクリーンショットを配置する

Figmaでデスクトップサイズの最上位レイヤーを作成し、半透明にしたスクリーンショットを配置します（プロパティパネルの塗り項目で設定）。右クリックから「ロック/ロック解除」を選択して、スクリーンショットを固定しておきましょう。

隣には透過していないスクリーンショットを並べておくと再現がしやすくなります。

プラグイン「**Insert Big Image**」（P.91）を使うと、大きな画像を圧縮せずにFigmaに取り入れることができます。

STEP.3 デザインをトレースして再現する

スクリーンショットの上にデザインをトレースして再現していきます。ロゴや画像などの素材は、元サイトのものを使用するか、ダミーを入れて作成しましょう。

この練習をすることで、さまざまな**デザイン要素の作成スキル**や、**細部のデザイン手法**を学べます。

Chapter 6

コーディング編

コーディングの
始め方

コーディングを始めるには、「コードエディタ」というツールが欠かせません。まずは、コードエディタのインストール方法とコーディングの基本的な始め方について学びましょう。

HTMLとCSSを書き始めるまでの「事前準備」をしていきます！

Chapter 6 01 コーディングの基礎知識

コーディングを始める前に知っておきたいこと、コーディングの基本を学びましょう。

1 コーディングって何？

コーディングとは、HTMLやCSSでコードを書くことです。Webデザイナーは、この「コーディング」まで担当することが多いです。

コーディングは本来「コードを書く」という意味ですが、HTMLやCSSを使った作業を「**コーディング**」、PHPやPythonなどのプログラミング言語を使った開発作業を「**プログラミング**」と区別することが一般的です。

コーディングとは、「デザイン」を「コード化」すること

コーディングを専門とする「コーダー」という職業も存在します。

● コーディングとプログラミングは、どう違う？

見た目の部分をつくるコーディングに対して、プログラミングはプログラミング言語を使用し、**より複雑なロジックや処理を実装するためのコード**を書きます。

たとえば、お問い合わせフォームを送信する機能や、ユーザー情報を保存する機能などは**HTML、CSSで実装することはできません**。こういった機能を実装するためにはプログラミング言語が必要です。

コーディング
- Webデザイナー・コーダー
- 見た目の部分を作成
- HTML CSS など

プログラミング
- プログラマー・エンジニア
- 複雑な計算やデータ処理
- PHP Python など

2 コーディングの基本的なプロセス

まずは、コーディングの大まかなプロセスを把握しましょう。

STEP 1 **コーディング環境の準備**（P.148）
コーディングには「コードエディタ」という専用のツールを使用します。コードエディタのインストールや設定などを事前に行い、コーディングを始める環境を整えます。

STEP 2 **プロジェクトのファイルを作成**（P.154）
プロジェクトフォルダを作成し、HTMLファイルやCSSファイル、必要な画像ファイルなどを用意します。

STEP 3 **HTMLの記述**（Chapter7）
デザインカンプをもとに、HTML言語でページの基本的な構造を定義します。

STEP 4 **CSSの記述**（Chapter8）
HTMLコードに対して、style.css ファイル内で、CSS言語でスタイルを記述します。

STEP 5 **レスポンシブ対応**（P.268）
パソコンサイズのコーディングが終わったら、スマートフォンなどのモバイル端末でもキレイに表示されるように調整します。

STEP 6 **ブラウザチェック**（P.279）
コーディングが一通り完了したら、レイアウトの崩れやスタイリングの不具合を確認し、修正します。

サーバーにアップロード（サイト公開）（P.281）
サイトの表示をすべて確認できたら、ファイルをWebサーバーにアップロードし、Webサイトを公開します。

次のページからは各項目について詳しく説明します。

Chapter 6 02 コーディング環境を準備しよう

コーディングに必要なものは、主にコードエディタとブラウザです。まずはこの2つを用意して初期設定を完了しましょう。

1 コードエディタとは？

コードエディタとは、HTMLやCSS、その他プログラミング言語を、記述、編集することを主目的として設計されている**テキストエディタ**のことです。

コードエディタにはさまざまな種類がありますが、本書では無料で使えてシェア率も高い「**Visual Studio Code**」を使用します。

● Visual Studio Code（ビジュアルスタジオコード）とは？

Visual Studio Code、通称「VSCode（ブイエスコード）」は、Microsoftによって提供されているコードエディタです。高機能で無料ということもあり、現在世界中で最も使用されているエディタの1つです。

https://code.visualstudio.com/

VSCodeは、拡張機能（プラグイン）も豊富で、自分の使いやすいように簡単にカスタマイズできるのも特徴です。

2 VSCodeをパソコンにインストールしよう！

STEP.1　VSCodeをダウンロードする

Visual Studio Codeのダウンロードページにアクセスし、適切な**インストーラーをダウンロード**します。

各オペレーティングシステム（OS）用に個別にインストーラーが提供されていますので、お使いのパソコンに適したものを選択してください。

※ OSとは、Operating System（オペレーティングシステム）の略称です。主なOSには、Windows、macOS、Linuxなどがあります。

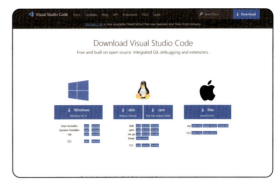

VSCodeインストーラーのダウンロードページ

STEP.2　VSCodeをインストールする

ダウンロードしたインストーラーを起動して、VSCodeをパソコンにインストールします。

Macの場合

STEP.1　ダウンロードしたzipファイルをダブルクリックして展開します。

STEP.2　解凍された中身をアプリケーションフォルダに移動します。

※ 確認メッセージが表示された場合は、「開く」を選択してください。

Windowsの場合

ダウンロードしたインストーラーをダブルクリックして起動し、インストーラーの指示にしたがって、任意の場所にインストールします。

STEP.3　Visual Studio Codeを起動

VSCodeのアイコンをクリックしてVSCodeを起動します。右のような画面が現れたらインストール作業の完了です。

VSCodeのウィンドウ

よく使うツールなので、パソコンのデスクトップやDockにアプリを追加しておきましょう。

6-02　コーディング環境を準備しよう　149

3 VSCodeを日本語化しよう

VSCodeの言語設定は、初期段階は英語になっています。これを日本語に変更します。

STEP.1 コマンドパレットを開く

メニューバーから、「View」→「Command Palette（コマンドパレット）」をクリックします。

STEP.2 日本語に変更

入力フォームが現れるので、「language」と入力し、「Configure Display Language」の項目をクリック、続けて「日本語」をクリックします。

STEP.3 VSCodeを再起動

ポップアップウィンドウが表示されるので、右側の「Restart」ボタンをクリックし、再起動します。これで言語設定が日本語に変更されます。

4 配色テーマを変更してみよう

配色テーマを変更することで簡単にVisual Studio Codeの雰囲気を変更することができます。

STEP.1 コマンドパレットを開く

メニューバーから、「View」→「Command Palette（コマンドパレット）」をクリックします。

STEP.2 配色テーマを選択

「theme」と入力し、「基本設定：配色テーマ」を選択します。配色テーマの一覧が出てくるので、好きなテーマを選択します。

 拡張機能でテーマを追加することもできます。お気に入りのテーマを探してみましょう！

5 ブラウザ「Google Chrome」をインストールしよう

ブラウザにはいろいろな種類がありますが、コーディングで使用するブラウザは、「**Google Chrome（グーグルクローム）**」がオススメです。

Google Chromeには「**デベロッパーツール**」という開発者用の検証ツール（デバッグツール）が含まれています（P.266）。このデベロッパーツールの使い勝手の良さからChromeを選ぶ方も多いです。

> **主要なブラウザはすべて必要！**
> 同じコードでも、ブラウザによって表示が異なることがあるため、最終的に主要なブラウザすべて（Google Chrome、Safari、Firefox、Edge）で表示を確認する必要があります。

STEP.1 ダウンロードする

Google Chromeのダウンロードサイト（https://www.google.co.jp/chrome/）にアクセスして、インストーラーをダウンロードします。

STEP.2 インストールする

ダウンロードしたインストーラーを起動して、Google Chromeをインストールします。

> **Macの場合**
> STEP.1 ダウンロードした「googlechrome.dmg」をダブルクリックして開きます。
> STEP.2 解凍された中身をアプリケーションフォルダに移動します。
> ※ 確認メッセージが表示された場合は、「開く」を選択してください。

> **Windowsの場合**
> ダウンロードしたインストーラーをダブルクリックして起動し、インストーラーの指示にしたがって、任意の場所にインストールします。

STEP.3 Gogole Chromeを起動

ソフトを立ち上げて、右のような画面が現れたらインストール作業の完了です。

6-02 コーディング環境を準備しよう　151

「Visual Studio Code」の基本

コードエディタ「VSCode」の画面構成や基本機能を把握しましょう。

1 VSCodeの画面構成を知ろう

VSCodeの画面にある各エリアの用途を確認していきましょう。

❶ アクティビティバー

ここにあるエクスプローラー、検索、プラグインなどのアイコンをクリックすることで、**各機能にアクセス**できます。

・ **エクスプローラー**

プロジェクトのファイルやフォルダを管理するための機能です。エクスプローラーで**プロジェクトフォルダ**を開くと、プロジェクトフォルダ内のファイルとフォルダが**ツリー状**に表示され、新規ファイルの作成や、編集するファイルの選択などができます。

- **検索**
任意のテキストを入力して、プロジェクトファイル内の文字列を検索することができます。

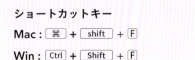

- **プラグイン**
プラグインをインストールし、エディタの機能を拡張できます。コーディングが便利になるプラグインも多数あるので、オススメのプラグインを P.231 で紹介しています。

② **サイドバー**

アクティビティバーで選択した機能の詳細が表示されます。たとえば、プラグインを選択した場合は、インストール済みのプラグイン一覧や、インストール可能なプラグインの一覧が表示されます。ショートカットキーで開閉可能です。

ショートカットキー
Mac: ⌘ + B
Win: Ctrl + B

③ **エディター**

<u>エクスプローラーで選択したファイルの中身が表示</u>され、編集することができます。複数のファイルを同時に開いて、タブで切り替えながら作業を行えます。

④ **コマンドパレット**

メニューに隠れているコマンドや、ショートカットキーがわからないコマンドにアクセスできます。たとえば、VSCodeの設定項目や、拡張機能の起動などを行えます。

また、ショートカットキー: ⌘ + P （Win: Ctrl + P）で似たような機能「クイックオープン」が表示され、プロジェクトファイルをサッと開くことができます。

ショートカットキー
Mac: ⌘ + shift + P
Win: Ctrl + Shift + P

ここで全部覚える必要はありません。作業を進めながら、必要に応じて少しずつ役割や機能を覚えていきましょう。

Chapter 6
04 HTMLファイルをつくって ブラウザで表示してみよう

▼ 動画レッスン

まずはHTMLで書いたコードを、ブラウザで表示して確認する方法を覚えましょう。

1 プロジェクトフォルダを作成しよう

● プロジェクトフォルダとは？

プロジェクトフォルダとは、コーディングをする際の**作業フォルダ**のことです。この中に、Webサイトに必要なファイルを作成・配置していきます。

1つのWebサイトに対して、1つのプロジェクトフォルダを作成すると覚えておきましょう。

1つのWebサイトを構成するファイル類

STEP.1 プロジェクトフォルダの作成

デスクトップ上で右クリック→「新規フォルダ作成」をクリックして「名称未設定フォルダ」を作成します。

フォルダ名は作成するWebサイトの名前に変更します。

今回はわかりやすく、デスクトップにプロジェクトフォルダを作成しています。

● プロジェクトフォルダをVSCodeで開く

作成したプロジェクトフォルダをVSCodeに**ドラッグ＆ドロップ**すると、VSCode上でプロジェクトフォルダを開くことができます。

または、VSCodeのメニューバーから、「ファイル」→「フォルダを開く」→フォルダ名の手順でも開くことができます。

サイドバーのエクスプローラー項目で、**開いているフォルダ名**を確認できます。

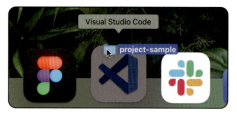

2 「HTMLファイル」を作成しよう

プロジェクトフォルダ内に、Webサイトの基本となる「HTMLファイル」を作成してみましょう。

STEP.1 「新しいファイル…」をクリック

サイドバーにカーソルを合わせると、上部にアイコンが4つ表示されるので、一番左にある「新しいファイル…」のアイコンをクリックします。

STEP.2 ファイル名は「index.html」

ファイル名を入力するフィールドが表示されるので、「index.html」と入力します。これで、HTMLファイルを作成することができました。

STEP.3 ファイルの中身を確認

ファイルが作成されると、ファイルが開かれ、右側の「エディターエリア」にファイルの中身が表示されます。

豆知識　どうして「index.html」という名前にするの？

Webサイトのデータをブラウザに送るWebサーバーは、自動的に「index.html」というファイルを検索して表示するため、トップページのファイル名は「index.html」が推奨されています。

● デスクトップのプロジェクトフォルダを確認してみよう

デスクトップのプロジェクトフォルダを開くと、「index.html」ファイルの存在を確認できます。これは、プロジェクトフォルダをパソコンのファイルシステムで直接開くか、VSCodeで開くかの違いに過ぎません。

そのため、デスクトップのフォルダに新しいファイルを追加すると、VSCodeでのプロジェクトビューにも自動的に反映されるのです。

画像を追加したいときなど、どちらから入れても同じです！

3 index.htmlに基本のコードを書く

HTMLファイルには、最低限必要な「**基本の雛形**」があります。

```
<!DOCTYPE html>
<html lang="ja">
<head>
    <meta charset="UTF-8">
    <meta name="viewport" content="width=device-width, initial-scale=1.0">
    <title>Document</title>
</head>
<body>

</body>
</html>
```

❶ DOCTYPE宣言
HTML文書の最初に配置され、ブラウザに文書のバージョンやタイプを示します。

❷ <html>タグ
HTML文書のルート要素であり、全体の構造を定義します。HTML文書の本体であるといえます。

❸ <head>タグ
Webページの情報や設定、外部リソースなどを定義する場所です。

❹ <body>タグ
ページの実際のコンテンツが配置される場所です。実際にブラウザ上で表示される部分です。

● ショートカットキーを使って書こう

「!(半角ビックリマーク)」を入力し、tabキーを押すことで、基本の雛形が生成されます。

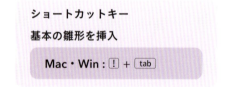

ショートカットキー
基本の雛形を挿入

Mac・Win : ! + tab

「基本の雛形」は、コードを1つ1つ覚える必要はありません。ショートカットキーを使って書くか、以前のプロジェクトからのコピペで大丈夫です！

● lang属性を"ja"に変更しよう

<html>タグのlang属性では、サイトの言語を指定しています。デフォルトでは英語のサイトを示す"en"になっているので、日本語サイトを示す"ja"に変更しましょう。

156　Chapter 6　コーディングの始め方

● インデントをスペース2つに変更

初期設定ではインデント（行先頭のスペース）はスペース4つですが、これを2つにしてコードを読みやすくします。

・設定からTab Sizeを2に変更する

左下の歯車アイコン（設定）をクリックし、「設定」の項目を選択し設定を開きます。検索バーに「tab size」と入力し、「Editor : Tab Size」の項目を2に変更します。

● <body>タグ内にテキストを入力しよう

<body>タグの中に書いたテキストやコードが、ブラウザで表示されます。<body>タグの中に好きなテキストを入力してみましょう。

● ファイルの変更を保存しよう

ファイル内に変更がある場合、タブに「丸い印」が表示され、コードが保存されていないことを示しています。

ショートカットキー⌘／Ctrl＋Sでファイルを保存すると、白い丸が消えるのが確認できます。

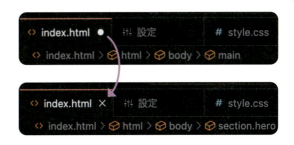

4　ブラウザでindex.htmlファイルを表示する

サイドバーのエクスプローラーにある「index.html」ファイルを**ブラウザのタブのエリアにドラッグ＆ドロップ**することで、ファイルをブラウザで表示できます。

※ デスクトップのプロジェクトフォルダから、index.htmlファイルをダブルクリックして開くこともできます。

<body>タグ内に入力したテキストがブラウザで表示されているか確認してみましょう！

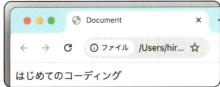

5 ブラウザを「リロード」して変更を確認しよう

HTMLファイル内のテキストを**変更・保存しても、ブラウザの表示は変わりません**。変更をブラウザに反映するには「**リロード**」をする必要があります。

ブラウザ左上の「ページ再読み込み」アイコンをクリックしてページをリロードすると、変更を反映できます。

ショートカットキー
Mac：⌘ + R　Win：Ctrl + R

プロジェクトフォルダのサンプルデータはこちらをチェック！

chapter6/project-sample

---

column　オススメの「画像素材サイト」と「アイコン素材サイト」

Webサイトに使用する、写真素材やアイコン素材を取得できる便利なサイトを紹介します。

● **画像素材サイト**

Unsplash（無料）
https://unsplash.com/ja

O-DAN（無料）
https://o-dan.net/ja/

Adobe Stock（有料）
https://stock.adobe.com/jp/

● **アイコン素材サイト**

Feather Icons（無料）
https://feathericons.com

Material Symbols and Icons（無料）
https://fonts.google.com/icons

FLATICON（有料）
https://flaticon.com

商用利用の前には、最新のライセンス情報や利用規約を確認しましょう！

Chapter 7

コーディング編

HTMLの基本を
おさえよう

Webページを作成するためには、土台となる骨組みをつくってくれる
HTMLの存在が欠かせません。
この章では、HTMLの基本的な「タグ」の書き方から使い方まで、詳しく
解説します。

※ダウンロードファイル（chapter7/html-tags-list）で紹介したタグを確認できます。

HTMLコードで、Webページの土台となる骨組みをつくっていくイメージです！

Chapter 7 01 HTMLの基礎知識

Webページの土台をつくるための言語がHTMLです。そんなHTMLの特徴や役割、タグの書き方などの基本的な知識を押さえておきましょう。

1 HTML（エイチティーエムエル）とは？

HTML（HyperText Markup Language）は、webページの**土台となる骨組みをつくるための言語**です。HTMLでは、さまざまな種類の「**タグ**」を組み合わせて、Webページに必要な見出しや段落、リンク、画像、テーブルなどの要素を作成します。

● HTMLのタグって何？

「タグ」は、ブラウザにWebページのコンテンツの**意味や構造を伝える**役割があります。

たとえば、<h2>タグを使うと「**この部分は見出しです**」、<p>タグでは「**この部分は段落です**」といった情報をブラウザに伝えることができます。

● HTMLファイルとHTML文書

HTMLが書かれたファイルを「**HTMLファイル**」といいます。HTMLファイルの拡張子は、「.html」です。

ファイル内のHTMLコードに注目したいときは「**HTML文書**」と呼びます。

```
HTML
<h2>
  これは見出しです。
</h2>
<p>
  これは文章の段落です。
</p>
```

※拡張子（かくちょうし）とは、ファイルの種類や形式を示すための文字列です。
　ファイル名の末尾にドット（.）に続く形で表現されます。

> **豆知識　マークアップとは？**
>
> ブラウザが文書の構造や視覚的な表現を正しく解釈できるように、テキストや要素にタグを追加して意味づけをすることを「**マークアップ**」といい、HTMLは**マークアップ言語**として扱われます。

2 HTMLの基本的な書き方

● HTMLのタグ・HTML要素

HTMLのタグは、**コンテンツの意味や構造をブラウザに伝える**役割を果たします。通常、タグは山括弧（< >）で囲まれ、**開始タグ**と**終了タグ**のペアで構成されます。開始タグと終了タグの間には**コンテンツ**が挿入されます。

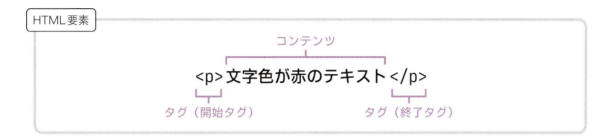

開始タグから終了タグ（閉じタグ）までの1つのまとまりを「**HTML要素**」と呼びます。

> 📎 **MEMO**
> \<body\> タグの中に記述したタグやテキストがブラウザで表示されます。

● 空要素（からようそ）とは？

HTMLのタグの一部には、**終了タグが不要なタグ**も存在します。このようなタグは「**空要素（からようそ）**」といって、開始タグだけで完結します。

代表的な空要素タグには、\<img\>、\<br\>、\<hr\> などがあります。

空要素の例

```
<img src="photo.jpg">
```
imgタグ（画像の表示）

```
<input type="text">
```
inputタグ（入力フォーム）

タグ	役割
img	画像を表示する
br	テキストを改行する
hr	区切り線を挿入する
input	ユーザーがデータを入力できるパーツを作成する

 終了タグがあるタグに比べて、空要素はとても少ないです。上記リストだけ覚えておけば最初のうちはまったく問題ありません。

3 HTMLのタグにつける「属性」とは？

HTMLのタグに対して、「**属性**」を使って追加の情報を付与することができます。

属性は、「**属性名**」と「**属性値**」のペアで指定し、必ず開始タグ内に記述します。属性名と属性値は等号（=）で区切られ、1つのHTML要素には複数の属性を含めることができます。

この例では、<a>要素に **href** という属性を付与し、値にはindex.htmlを指定しています。
この属性は、リンク先のURLを指定するために使用されます。

タグ	役割
src	画像などのURL、またはパスを指定します。
href	リンク先のURLを指定します。
alt	画像が表示されない際の代替テキストを指定します。
style	要素にインラインスタイル (P.182) を指定します。
title	要素の追加情報を指定します。ツールチップとして表示されます。

 属性はたくさん種類がありますが、すべて覚える必要はありません。パーツを作成する際に必要なものが出てきたら、その都度覚えていきましょう。

4 タグのネスト（階層化）

HTMLのタグはネスト（階層化）することができます。つまり、**タグの中に別のタグ**を含めることができます。

さらにその中にタグを含めるなど、**何層でもネストすることができます**。

HTML
```
<div>
  <p>
    私は、<strong>デザイン</strong>が好きです。
  </p>
</div>
```

親要素と子要素、先祖要素と孫要素

タグがネストされているとき、2つのタグの関係は**親要素**と**子要素**になります。

親要素よりも上の階層にある要素のことを**先祖要素**と呼び、先祖要素から見て子要素より下の階層にある要素のことを**孫要素**と呼びます。

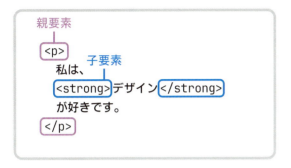
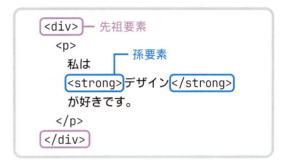

> **MEMO**
> 同じ階層にいる要素同士は「**兄弟要素**」という関係になります。

エラーになる間違った書き方

HTMLでは、開始タグと終了タグが正しく対応している必要がありますが、この例では<strong>要素が適切に終了していないため、**要素がはみ出ている**状態になっています。

開始タグと終了タグが互い違いにならないように注意しましょう。

```
<p>私は、
  <strong>デザインが好きです。
</p></strong>
```
親要素から飛び出ている
終了タグの位置が正しくない

ネストできないタグの組み合わせ

一部のタグはネストが禁止されています。以下に、代表的な例を挙げます。

ネストできないタグの例
- ❌ <a> タグの中に <a> タグ
- ❌ <p> タグの中に <p> タグ
- ❌ <button> タグの中に <button> タグ
- ❌ <label> タグの中に <label> タグ
- ❌ <table> タグの直下に <table> タグ
- ❌ <ul> <ol> タグの直下に <ul> <ol> タグ

Chapter 7

02 テキスト要素をつくろう

まずは基本となる「テキスト」に関するタグを覚えましょう。テキストの種類によって、使用するタグが異なります。

1 <p> タグで段落をつくる

<p>（ピー）タグは、HTMLで**段落を作成**するためのタグです。**テキストを配置する際には、基本的に <p> タグを使用**します。段落が複数ある場合は、各段落ごとに新しい <p>タグを追加します。

```
HTML
<p>私は、Webデザイナーです。</p>
<p>私は、コーダーデザイナーです。</p>
```

私は、Webデザイナーです。
私は、コーダーデザイナーです。

2 <h1> ～ <h6> タグで見出しをつくる

<h1>（エイチワン）タグから<h6>（エイチシックス）タグは、**見出しを作成**するためのタグです。<h1>タグで最も重要な大見出しを作成し、<h2>タグで2番目に重要な中見出し、<h3>タグでその次に重要な小見出しを作成するといった形で使用します。

```
HTML
<h1>大見出しをつくる</h1>
<h2>中見出しをつくる</h2>
<h3>小見出しをつくる</h3>
```

大見出しをつくる
中見出しをつくる
小見出しをつくる

3
 タグで改行する

（ビーアール）タグを使って、**テキストを改行**することができます。

```
HTML
<p>私は、<br>Webデザイナーです。</p>
```

私は、
Webデザイナーです。

164　Chapter 7　HTMLの基本をおさえよう

4 <strong>タグで強調する

<strong>（ストロング）タグは、**テキストの一部を強調**するためのタグです。文章の中で**重要な箇所**やユーザーに強調して伝えたい部分に使用されます。

HTML
```
<p>私は、<strong>Webデザイナー</strong>
です。</p>
```

私は、**Webデザイナー**です。

📎 MEMO

<strong>タグと似たようなタグで （ビー）タグがあります。<b>タグはテキストを太字にするために使いますが、内容の重要性を示す場合には使用せず、単に**視覚的に目立たせたいとき**や**特定の用語やフレーズを強調したいとき**に使用します。

5 <span>タグでグルーピングする

<span>（スパン）タグは、**テキストの一部をグループ化**するためのタグです。CSSでテキストの一部を装飾する際に使用するため、何もスタイルを指定していない場合は見た目上の変化はありません。

HTML
```
<p>私は、<span>Webデザイナー</span>
です。</p>
```

私は、Webデザイナーです。

POINT　
タグを使って余白を設けるのはNG

タグを複数挿入して複数行の改行（余白）をつくることは「非推奨」とされています。あくまで
タグは**改行の目的**で使用します。

文章と文章の間に余白を設ける必要がある場合は、段落を2つに分けて配置し、CSSで適切な間隔を設けます。

 余白はCSSのmargin（マージン）（P.197）で調整します。

✗
```
<p>ヒロコードは、Webデザインを学べる
YouTubeチャンネルです。
<br><br><br>
Webデザインに興味がある方は、ぜひチェック
してみてください！</p>
```

○
```
<p>ヒロコードは、Webデザインを学べる
YouTubeチャンネルです。</p>
<p>Webデザインに興味がある方は、ぜひ
チェックしてみてください！</p>
```

Chapter 7
03 リンクをつくろう

リンク（ハイパーリンク）は、他のWebページやWebサイトに移動するための手段です。リンクをクリックすることで、関連する情報や内容にアクセスできるようになります。

1 `<a>`タグでリンクをつくる

`<a>`タグ（エータグ）は**リンクをつくる**ためのタグです。`<a>`タグで作成されたリンクをクリックすることで、ユーザーは**別のページやサイトに遷移する**ことができます。

```html
<a href="contact.html">
  クリックすると、特定のページに遷移します
</a>
<a href="https://youtube.com/"
target="_blank">
  クリックすると、特定のサイトに遷移します
</a>
```

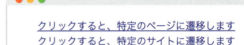

コードが少しずつ難しくなっていますが、1つずつ意味や使い方を確認していきましょう。

● href（エイチレフ）属性

`<a>`タグのhref属性には、クリックした際の「**目的地**」を指定します。

同一サイト内の別のページへ遷移させる場合は、ファイルまでの「**相対パス**」を指定し、他のサイトへ遷移させる場合は、**URL**(ユーアールエル)を「**絶対パス**」で指定します。

● target（ターゲット）属性

`<a>`タグに `target="_blank"`を指定することで、リンク先を**新しいタブ**で開くことができます。

外部のWebサイトへのリンクは基本的に**新しいタブ**で開くようにすることで、ユーザーに別のサイトに移動したことを知らせることができます。

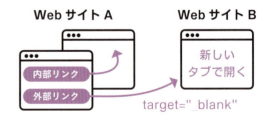

2　相対パスと絶対パスとは？

相対パスと絶対パスは、どちらもファイルやリソース、Webページなどの**「場所」を指定する**方法です。

● 相対パスとは？

相対パスは、現在のディレクトリ（またはファイル）を基準として特定のファイルの場所を指定します。

・同じ階層のファイルを指定

page1.htmlから、page2.htmlを指定する場合

```
<a href="./page2.html">
```

・下の階層のファイルを指定

page1.htmlから、page3.htmlを指定する場合

```
<a href="folder/page3.html">
```

・上の階層のファイルを指定する

page3.htmlから、page1.htmlを指定する場合

```
<a href="../page1.html">
```

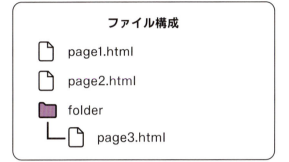

 同階層は ./ 1つ上の階層は ../ と指定します。同階層の ./ は省略可能です。

● 絶対パスとは？

絶対パスは、URLを使ってファイルやページの場所を指定します。Webサイトのドメイン名を含めて記述するのが特徴です。

```
<a href="https://hirocodeweb.com">         ← 外部サイトへのリンク
<a href="https://hirocodeweb.com/img/logo.svg">  ← 外部サイトのファイルへのリンク
```

● 絶対パスと相対パスの使い分け

Web制作では、リンクや画像ファイルの読み込みなどはほとんど**相対パスを使用**します。外部サイトへのリンクや外部リソースの読み込みを行う場合、絶対パスを使用します。

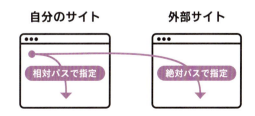

Chapter 7

04 画像（写真）を表示しよう

Webサイトに欠かせない要素の1つである画像を表示する方法を学びましょう。

1 <img> タグで画像を表示する

<img>（アイエムジー）タグは、**画像を表示**するためのタグです。

```
<img src="img/sample.jpg" alt="サンプル画像">
         src 属性                    alt 属性
```

● src（ソース）属性で画像までのパスを指定

src 属性で表示する画像を指定します。Webサイト制作では、まず「img」フォルダに画像ファイルを配置し、**相対パス**でその画像を指定します。

> 前のページで学習した相対パスを使います。

● alt（オルト）属性で代替テキストを指定

alt 属性は、画像が読み込まれない場合や表示されない場合、スクリーンリーダーなどの補助技術によって読み取られる場合に、**代替テキスト**として表示されます。

alt 属性は必須ではありませんが、Webサイトを誰にでも使いやすくしたり、検索結果で見つけやすくするためにとても大切です。

alt 属性なしで、画像が読み込まれない場合

> 画像が装飾目的の場合は、**空の alt属性**を指定します。

alt 属性ありで、画像が読み込まれない場合

● width（ウィッズ）属性・height（ハイト）属性

width（ウィッズ）属性に横幅、height（ハイト）属性に高さを指定して、<mark>画像の表示サイズ</mark>を変更できます。これらを指定しない場合、画像はオリジナルサイズ（元々のサイズ）で表示されます。

```
<img src="img/photo.jpg" width="400" height="300" alt="∞">
                         └──────┬──────┘ └──────┬───────┘
                              width 属性      height 属性
```

注意点として、オリジナルの比率と異なる比率で width と height を指定した場合、<mark>画像が歪んで表示されます</mark>。これを防ぐためには、width もしくは height 属性のどちらか一方のみを指定します。

・基本的には、CSSで画像サイズを指定する

Webサイト制作では基本的に、<mark>width 属性と height 属性でサイズを指定しません</mark>。画像のサイズは通常、CSSで行います。そのため、width 属性と height 属性は基本的に指定しなくても問題ありませんが、表示のズレを防ぐために指定することがあります。

> CSSを使ったサイズの指定方法も合わせて確認しましょう（P.200）。

2 Webページに画像を表示する手順

STEP.1 画像ファイルをimgフォルダ内に配置する

Webサイトで使用する画像ファイルは、一般的にimgフォルダを作成して配置します。

STEP.2 <img> タグで画像のパスを指定する

HTMLファイル内で<img>タグを使用して画像を表示します。src 属性でimgフォルダ内の画像ファイルのパスを指定し、<alt>タグでは画像の内容を簡潔に説明します。

HTML
```
<img src="img/dog.jpg" alt="海岸で青いバンダナをつけた
黒い犬が佇んでいる">
```

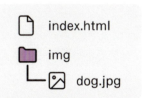

Chapter 7
05 リスト要素をつくろう

Webサイトでよく使用されている箇条書きリストや番号つきリストのつくり方について学んでいきましょう。

1　`<ul>`と`<li>`で箇条書きリストをつくる

`<ul>`タグは「Unordered List(順序なしリスト)」を表し、`<li>`タグは「List Item(リストの項目)」を表します。これらのタグを組み合わせて**箇条書きリスト**をつくります。

`<ul>` タグでリスト全体を定義し、その中に複数の `<li>` タグを配置します。li タグの中には個々の項目を挿入します。

```html
<ul>
  <li>HTML</li>
  <li>CSS</li>
  <li>JavaScript</li>
</ul>
```

・HTML
・CSS
・JavaScript

2　`<ol>`と`<li>`で番号つきリストをつくる

`<ol>` タグは「Ordered List(順序つきリスト)」を表し、番号つきのリストを作成できます。

ulタグと同様の使い方で、`<ol>` タグでリスト全体を定義し、その中に複数の `<li>` タグを配置します。手順やランキングなど、**順番があるリストをつくる**際に使用します。

```html
<ol>
  <li>VSCodeを導入する</li>
  <li>HTMLコードを書く</li>
  <li>ブラウザで表示する</li>
</ol>
```

1. VSCodeを導入する
2. HTMLコードを書く
3. ブラウザで表示する

`<ul>`タグ、`<ol>`タグの直下には必ず`<li>`タグを配置します。その他のタグを挿入するとエラーになる場合があるので要注意です。リスト内に他のタグを配置する場合には、必ず`<li>`タグの中に配置しましょう。

3 `<dl>` `<dt>` `<dd>` で定義リストをつくる

`<dl>` タグは「Definition List（定義リスト）」を表し、`<dt>` タグは「Definition Term（定義用語）」、`<dd>` タグは「Definition Description（定義の説明）」を表します。これらのタグを組み合わせて定義リストを作成します。

HTML
```
<dl>
  <dt>HTML</dt>
  <dd>構造を作成する言語</dd>
  <dt>CSS</dt>
  <dd>スタイルを定義する言語</dd>
  <dt>JavaScript</dt>
  <dd>動的機能を追加する言語</dd>
</dl>
```

HTML
　　構造を作成する言語
CSS
　　スタイルを定義する言語
JavaScript
　　動的機能を追加する言語

> いろいろなリスト形式がありますが、重要なのは**リストの意味**です。見た目はCSSで自由に調整できるため、コンテンツに適した正しいタグを使用することを心がけましょう。

ステップアップ　いろいろなスタイルのリストをつくってみよう！

リストの左側では「マーカー」という装飾が表示されています。後述するCSSを併用することで、マーカーの表示を変更することができます。

| `list-style-type: disc;` | マーカーのスタイルを指定 |

CSSの使い方を学習した上で、下の表を参考にマーカーの表示を変更してみましょう。

マーカーの種類（list-style-typeで指定する値）

disc	・リスト項目（初期値）	decimal	1.リスト項目
circle	○リスト項目	"-"	－リスト項目
square	■リスト項目	none	マーカーを非表示にします。

> " " 内には記号や絵文字など任意の文字列を設定することも可能です！

7-05　リスト要素をつくろう　171

Chapter 7
06 テーブル要素をつくろう

HTMLでWebサイトに表をつくるには、<table>タグを使用します。

1 <table>タグで表形式の表示をつくる

<table>（テーブル）タグは**表をつくる**ためのタグです。**単体で使用することはできず**、中に<tr>タグや<th>、<td>タグなど、複数のタグを組み合わせて使用します。

```html
<table>
  <thead>
    <tr>
      <th>氏名</th>
      <th>ふりがな</th>
    </tr>
  </thead>
  <tbody>
    <tr>
      <td>山田 太郎</td>
      <td>やまだ たろう</td>
    </tr>
    <tr>
      <td>田中 拓也</td>
      <td>たなか たくや</td>
    </tr>
  </tbody>
</table>
```

<table>タグの直下には、**表のヘッダー要素**となる<thead>タグと**表の本体**となる<tbody>タグを配置します。

<thead><tbody>タグの直下には、**表の行**となる<tr>（ティーアール）タグを配置します。<tr>タグは必要な行数分用意します。

<tr>タグの直下には**表の見出し**となる<th>（ティーエイチ）タグ、または**表のデータ**となる<td>（ティーディー）タグを配置します。

tableで使うタグ	役割
<thead></thead>	表のヘッダー要素を定義
<tbody></tbody>	表の本体を定義
<tr></tr>	表の行を定義
<th></th>	表の見出しセルを定義
<td></td>	表のデータセルを定義

<th>、<td>タグの中には、<p>タグや<img>タグなどを自由に入れることができます。

```
氏名      ふりがな
山田 太郎  やまだ たろう
田中 拓也  たなか たくや
```

テーブルといえば枠線や区切り線がついたテーブルをイメージする方も多いはず。線や幅などのスタイルはCSSで指定します。

column

`<div>`タグと`<span>`タグ

● `<div>`タグとは？

```
<div></div>
```
特に意味を持たないブロックレベル要素

多くのタグが固有の意味を持つのに対し、`<div>`タグは、意味を持たず、要素のグループ化や装飾を目的として使用されます。

HTML
```html
<div class="layout">
    <h2>タイトル</h2>
    <p>説明文<p>
</div>
```

● `<span>`タグって何？

```
<span></span>
```
特に意味を持たないインライン要素

`<div>`タグと同様に特に意味を持たないタグです。主にテキストやインライン要素のグループ化、装飾のために使用されます。

HTML
```html
<h2>
    テキストの一部を
    <span class="deco">装飾</span>
    します
</h2>
```

● `<div>`タグと`<span>`タグの使い分け

大きな違いは、`<div>`タグがブロックレベル要素、`<span>`タグはインライン要素という点です。

そのため、`<div>`タグは主に、他のブロックレベル要素のレイアウトやグルーピングに使用し、一方の`<span>`タグは、テキスト周りの装飾に使用することが多いです。

これらのタグは特定の意味を持たないものの、装飾やレイアウトのために頻繁に使用する必要不可欠なタグです。

Chapter 7

07 フォーム要素をつくろう

Webサイトでは、お問い合わせフォームをはじめとする多様なフォームが使われています。ユーザーがテキストを入力したり、任意項目を選択したりするフォームをつくってみましょう。

1 フォームとは？

フォーム（Form）は、Webページ上で**ユーザーに情報を入力してもらうための要素**です。ユーザーがテキスト、選択肢などのデータを入力し、それらをWebサーバーなどの処理システムに送信します。

ログインフォームやお問い合わせフォームなどがその例です。

● フォームの基本構成

フォーム全体を作成するには、**<form> タグ**を使用します。このタグの中に、テキストボックス、ラジオボタン、チェックボックスなど、ユーザーが情報を入力するための入力フィールドを配置します。最後に送信ボタンも追加し、ユーザーが入力内容をサーバーに送信できるようにしましょう。

```html
<form action="/submit_form" method="post">
  <input type="text" name="username" placeholder="名前">
  <button type="submit">送信する</button>
</form>
```

● 基本の<input> タグ

<input>（インプット）タグのtype属性にtextを指定すると、最も**一般的な入力フィールド**を作成できます。

他にも、**type属性の値を変更**することで、さまざまな種類の「入力フィールド」を作成できます。

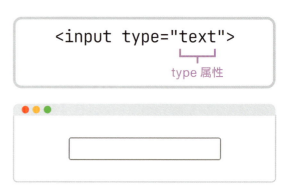

174　Chapter 7　HTMLの基本をおさえよう

● ラベルタグ

入力フィールドに**ラベル（項目名）**を表示できます。<label>タグのfor属性と、<input>タグのid属性に同じ値を付与することで、双方がリンクし、ラベルをクリックすると、対象の入力フィールドがフォーカスされます。

```html
<label for="name">名前</label>
<input type="text" id="name">
```

<label>タグで<input>タグを囲むことでも、ラベルと入力フィールドがリンクします。

2 いろいろな「入力フィールド」をつくる

● テキストエリア

```html
<textarea rows="3">テキスト</textarea>
```

複数行のテキストを入力できるフィールドです。rows属性で高さ、cols属性で幅を指定します。

● ラジオボタン

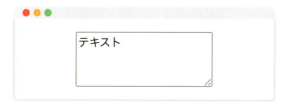

```html
<label>
  <input type="radio" value="male"
    name="gender" checked> 男性
</label>
<label>
  <input type="radio" value="female"
    name="gender"> 女性
</label>
```

<input>タグのtype属性にradioを指定して、複数の選択肢から**1つだけを選ぶ「ラジオボタン」**を作成できます。同じname属性を付与することでグループ化され、ユーザーはそのグループ内から一つの選択肢のみを選ぶことができます。

value属性に設定した値がサーバーに送信され、選択されたものを判断します。

7-07 フォーム要素をつくろう 175

● チェックボックス

<input>タグのtype属性に"checkbox"を指定すると、ユーザーが複数の選択肢から**複数の項目を選ぶ「チェックボックス」**を作成できます。

ラジオボタン同様、name属性やvalue属性を使用します。

```html
<label>
  <input type="checkbox" value="read"
    name="hobby" checked> 読書
</label>
<label>
  <input type="checkbox" value="cook"
    name="hobby"> 料理
</label>
```

<input>タグにchecked属性を付与すると、**初期状態で選択された状態**になります。ラジオボタンも同様です。

● セレクトボックス

ユーザーが選択肢から**1つだけを選ぶことができるドロップダウンリスト**です。ラジオボタンと同様に1つだけ選択する形式ですが、**選択肢が多い場合**（都道府県の選択など）に最適です。

```html
<select name="country">
  <option value="JP">日本</option>
  <option value="US">アメリカ</option>
  <option value="UK">イギリス</option>
</select>
```

● <input>タグで作成できるその他の入力フィールド

<input>タグで作成できる入力フィールドは他にも多くの種類があります。type属性で指定する値を変更することで、入力フィールドの種類を自由に変更することができます。

<input>タグで作成できるその他の入力フィールド	
<input type="password">	パスワードを入力するためのフィールドで、入力された文字が隠されます。
<input type="email">	正しいメールアドレス形式の入力のみ受けつけます。
<input type="number">	数値のみを入力できるフィールドで、上下の矢印で数値を調整できます。
<input type="date">	日付専用の入力フィールドで、カレンダーウィジェットから日付を選択できます。
<input type="file">	ファイルを選択してアップロードできる入力フィールドです。
<input type="hidden">	ユーザーには表示されませんが、フォームデータとして送信される隠しフィールドです。

3 フォームの「ボタン」をつくる

● 送信ボタン・リセットボタン

`<button>`タグのtype属性にsubmitを指定して、フォームの**データを送信するボタン**を作成できます。type="reset"とすることで入力内容を**リセットするボタン**を作成できます。

```
HTML
<button type="submit">送信</button>
<button type="reset">リセット</button>
```

4 入力フィールドの「いろいろな属性」

入力フィールドにさまざまな属性を付与し、見た目や動作をカスタマイズできます。

● name（ネーム）属性

入力フィールドの名前を指定し、フォーム送信時に**データを識別**します。ラジオボタンやチェックボックスなどでグループを作成する際にも利用されます。

● value（バリュー）属性

入力フィールドの初期値や**送信される値**を指定します。ユーザーがテキスト入力や項目の選択をした際には、その入力された値がフォーム送信時にvalue属性としてサーバーに送信されます。

● placeholder（プレースホルダー）属性

入力フィールドにプレースホルダーテキストを表示します。ユーザーが**入力する際の参考となるテキスト**として表示され、テキストを入力すると消えます。

● required（リクワイヤード）属性

入力が**必須かどうか**を指定します。required属性が付与されている場合、ユーザーは必ず入力をする必要があります。

required 属性を指定する場合は、ユーザーが入力を必須であることを理解できるように、ラベル（項目名）に**「必須」の表示**を加えましょう。

● disabled（ディスエイブルド）属性

入力フィールドやボタンなどを**無効化**するための属性です。対象の要素はユーザーの操作から除外され、視覚的にも無効状態で表示されます。

他にもフォームの送信に必要な属性はいくつかありますが、フォーム実装はプログラミング言語の併用が必須のため、実装の難易度が高いです。そのため、まずは簡単にフォームを実装できるサービス（P.264）を利用してみましょう。

POINT　コメントアウトを使おう！

コメントアウトを使用すると、コード内に説明やメモを追加できます。これにより、他の人や将来の自分がコードを理解しやすくなります。また、コードの一部を一時的に無効にするのにも便利です。

ショートカットキー
Mac：⌘ + /　Win：Ctrl + /

HTML
```
<!-- ここにコメントを書きます -->
<!-- <div>コンテンツ</div> -->
```

CSS
```
/* ここにコメントを書きます */
/* .text { color: blue;} */
```

Chapter 8

コーディング編

CSSの基本を
おさえよう

HTMLだけでは見た目の整ったWebページを作成することはできません。
HTML要素に対してCSSを適用することで、表示をキレイに整えること
ができます。

※ダウンロードファイル（chapter8/css-properties-list）で紹介したCSSを確認できます。

> HTMLで作成した骨組みに対し、CSSでレイア
> ウトを整えたり、装飾を加えたりします。

Chapter 8 - 01 CSSの基礎知識

HTMLで構造化した要素に対して、CSSを適用することで、色を変えたり、大きさを指定したり、レイアウトを組んだりして表示をキレイに整えることができます。

1 CSS（シーエスエス）とは？

CSS（Cascading Style Sheets）は、Webページのスタイルやレイアウトを定義するための言語です。CSSを使うことで、文字の色やフォント、レイアウト、余白などを細かく設定し、Webページの**デザインをより美しく、使いやすく**することができます。

CSSが適用されていない状態

CSSが適用された状態

● タグにスタイルを適用する

CSSは、HTMLファイル内の**タグに対して、どのようなスタイルを適用するか**を指定します。

流れとしては、まず**HTMLでタグを作成**し、その後、CSSで**そのタグに対してスタイルを適用する**という順序で進めます。

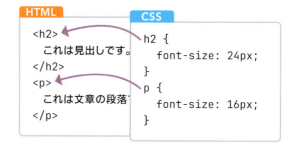

CSSで扱う**スタイルシート言語**は、HTMLとはまた異なるルールで記述するので、書き方や必要な項目を少しずつ学習していきましょう。

2 CSSの基本的な書き方

● CSSルールセット

CSSのスタイリングには、「**どこ**（対象要素）の、**何**（どの部分）を、**どうする**（状態）」というように、**3つの要素を組み合わせて指定**します。このひとつのまとまりを「**CSSルールセット**」と呼びます。

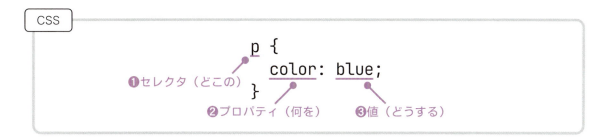

❶ セレクタ（どこの）

"**どこの**"を指定する"**セレクタ**"では、スタイルを当てる**対象のHTML要素**を指定します。セレクタには、HTMLのタグ名やclass名（P.204）を指定します。

❷ プロパティ（何を）

"**何を**"を指定する"**プロパティ**"では、対象のHTML要素の**どの部分を変化させるか**の指定をします。文字色やフォントサイズをはじめ、さまざまなプロパティが用意されています。

❸ 値（どうする）

"**どうする**"を意味する"**値**"では、プロパティに応じた値を指定します。

たとえば、文字色を指定する color プロパティに対しては、blue や #000 など色の値を、文字サイズを指定する font-size プロパティに対しては、16pxや1emなどフォントサイズの値を設定できます。

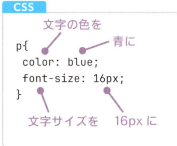

8-01 CSSの基礎知識　181

3 CSSでスタイルを適用する「3つの方法」

CSSでスタイルを適用する方法には**3つの方法**があり、それぞれ**CSSを書く場所が異なります**。

❶ インラインスタイル

インラインスタイルは、**HTML要素に直接スタイルを指定**する方法で、要素の開始タグにstyle属性を設けてスタイルを設定します。

特定の要素にのみスタイルを指定できますが、スタイルの再利用や保守性の面では制限があります。

HTML
```
<p style="color: blue; font-size: 16px;">
  このテキストは青色で表示され、フォントサイズは16ピクセルです。
</p>
```

スタイルが競合した際に、**最も優先される**という特徴があります。

❷ 内部スタイルシート

内部スタイルシートは、HTMLファイル内に**<style>タグ**を使用してスタイルを定義する方法です。

同じ文書内の**複数要素に対してスタイルを適用できる**利点がありますが、スタイルの再利用や複数のHTMLファイル間での共有には向いていません。

HTML
```
<body>
  <p>このテキストは青色で表示され、フォントサイズは16ピクセルです。</p>
  <style>
    p {
      color: blue;
      font-size: 16px;
    }
  </style>
</body>
```

一時的なテストやデモなどの利用には便利です。

❸ 外部スタイルシート

外部スタイルシートは、スタイルを定義した**CSSファイルを作成**し、それを**HTMLファイルに読み込む**ことでスタイルを適用します。

この方法では、複数のHTMLファイルで同じスタイルを共有できるため、保守性が向上します。

HTML
```
<link rel="stylesheet" href="style.css">
```

CSS
```
p {
  color: blue;
  font-size: 16px;
}
```

3つの方法のうち、どれを使えばいい？

3つのスタイル指定方法を説明しましたが、**基本的には「外部スタイルシート」を使用**します。

他の２つの方法は、JavaScriptによる操作や一時的なスタイリングが必要な場合に使用することがありますが、通常は**すべて「外部スタイルシート」**を使用しましょう。

外部スタイルシートはスタイルを一元管理できるため、効率的なメンテナンスが可能になります。

● 外部スタイルシートは複数適用できる

１つのHTMLファイルに対して、**複数の外部スタイルシート（CSSファイル）を適用**することができます。

ファイルを分けることで管理がしやすくなり、特定のスタイルを**他のプロジェクトで再利用**することも可能です。

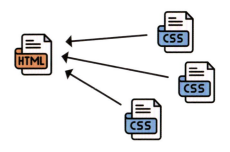

POINT　スタイルの優先順位

3つのスタイル指定でスタイルが競合した際には、優先度によってどのスタイルが適用されるかが決まっています。最も優先されるのはインラインスタイルで、内部スタイルシートと外部スタイルシートに関しては、後に書かれたスタイルが優先されます。

意図しないデザインの崩れを防ぐためにも、スタイルは基本的にすべて外部スタイルシートにまとめて記述することを心がけましょう！

Chapter 8 02 CSSファイルをつくって読み込もう

Webページにスタイルを適用するためにはスタイルシートが必要です。外部スタイルシート（CSSファイル）を作成して、HTMLファイルに読み込んでみましょう。

1 CSSファイルを作成する

HTMLファイルは「○○.html」で作成するのに対し、**CSSファイルは「○○.css」**で作成します。実際に、CSSファイルを作成していきましょう。

STEP.1　CSSフォルダを作成

VSCodeでプロジェクトフォルダを開いて「新しいフォルダー...」アイコンをクリック→フォルダ名を「css」と入力します。

すると、index.htmlファイルの並び（同じ階層）に「cssフォルダ」が作成されます。

STEP.2　style.cssファイルを作成

続けて、cssフォルダを選択した状態で、「新しいファイル...」アイコンをクリック、入力欄には「style.css」と入力します。

これで、**「cssフォルダ」の中に「style.css」**というCSSファイルを作成できました。

豆知識　どうして「style.css」という名前なの？

一般的な慣習として「style.css」という名称がよく使われていますが、必ずしもすべてのCSSファイルを **style.css と命名する必要はありません。**

しかし、多くの開発者が慣れている標準的な命名規則にしたがうことで、プロジェクト内での認識や管理が容易になります。

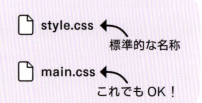

2 CSSファイルをHTMLファイルに読み込む

● \<link\> タグでCSSファイルを読み込む

Webページに CSS を適用させるには、**HTMLファイル内でCSSファイルを読み込む**必要があります。

index.html ファイルを開いて、\<head\> タグ内（titleタグより下）に \<link\> タグを追加します。ちなみに\<link\>タグは終了タグが不要です。

```
<link rel="stylesheet" href="css/style.css">
        rel 属性              href 属性
```

href 属性の値には、**CSSファイルの「相対パス」**（P.167）を指定します。

3 文字エンコーディングを設定しよう

CSSファイルの最初には **@charset "utf-8";** という記述をし、文字を扱う際のルール「文字エンコーディング」を設定しています。

CSS
```
@charset "utf-8";
```

これにより、CSSファイルの文字化けを防ぐことができます。

4 CSSファイルが正しく読み込まれたか確認する

CSSファイルが適用されているか確認するために、style.css ファイルに CSS コードを記述して保存します。

ブラウザをリロード（P.158）し、**背景が青色に変化したら、CSSファイルが正しく適用されている状態**です。もし背景が白いままであれば、パスの指定やCSSの記述に誤りがないか見直しましょう。

CSS
```
body {
  background-color: blue;
}
```

Chapter 8 03 リセットCSSを読み込もう

ブラウザにはデフォルトでCSSのスタイルが適用されています。ブラウザ間のスタイルの違いをなくすために、リセットCSSを使います。

1 リセットCSS（reset.css）とは？

ブラウザにはそれぞれ固有のスタイルが設定されているため、文字のサイズやリンクの色など、**同じコードでもブラウザによって表示が異なる**ことがあります。

この問題を解消するために、「リセットCSS」というCSSファイルを使用して、ブラウザ固有の**デフォルトスタイルをリセット**する処理を行います。

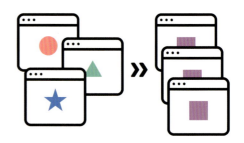

● リセットCSSを使ったスタイリングの流れ

リセットCSSで「何もスタイルが適用されていない状態」にした上で、新たにスタイルを適用していきます。

ブラウザごとに
スタイルが異なる

リセットCSSを読み込み
スタイルをすべてリセット

新たにスタイルを
適用していく

● ノーマライズCSS（normalize.css）とは？

ノーマライズCSSはブラウザのスタイルを**完全にリセットせず**、できるだけ標準化することに焦点を当てたファイルです。そのため、リセットCSSとは異なり、最低限のスタイリングが保持されます。

慣れないうちは0の状態からスタイリングできるリセットCSSの方がオススメです。

2 リセットCSSのダウンロード

リセットCSSにはさまざまな種類があり、多くの人や企業が作成したものを公開しています（基本的には、ほとんど同じ内容です）。**本書でもリセットCSSを用意**したので、まずはこちらを使用してみてください。

reset.css

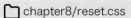

chapter8/reset.css

僕が普段から使っているreset.cssと同じものです！

3 リセットCSSの使い方

リセットCSSを適用するには、style.css同様、<head>タグ内に記述して読み込みます。ただし、**CSSファイルを読み込む順番には注意**が必要です。

STEP.1　cssフォルダにreset.cssを用意

cssフォルダに、reset.cssを入れます。cssフォルダ内にはreset.cssとstyle.cssの2つのファイルが入っている状態です。

STEP.2　reset.cssを読み込む

<head>タグ内で、「reset.css」と「style.css」の2つのCSSファイルを読み込んで使用します。このとき、reset.cssを必ず先に読み込む必要があります。

CSS
```
...
<link ref="stylesheet" href="css/reset.css">   ← デフォルトのスタイルをリセット
<link ref="stylesheet" href="css/style.css">   ← 必要なスタイルを適用していく
...
```

豆知識　コードは上から下へ処理される

HTMLとCSSは上から下へと処理されます。これは、後で定義されたスタイルが先に定義されたスタイルを上書きするという意味です。つまり、同じ要素に対して複数のスタイルが適用された場合、**後に定義されたスタイルが優先**されます。

そのため、まずはreset.cssで全体のタグのスタイルをリセットした上で、style.cssでさらにスタイルを適用していく、という流れになります。

8-03 リセットCSSを読み込もう　187

テキストのスタイルを指定しよう

Chapter 8 - 04

まずは基本となる、テキスト周りのCSSプロパティについて覚えましょう。

1 文字の大きさ「font-size（フォントサイズ）」

文字のサイズは、font-sizeプロパティで指定します。単位はpxでの指定の他に、remやemなどの指定があり、用途によって使い分けます。**最初のうちはpxの指定で問題ありません**。

<body>タグにfont-sizeプロパティで文字サイズを指定することで、Webサイト全体のベースとなる文字サイズを設定できます。

```
font-size: 24px;
```

font-sizeの値	
px	最も基本となる指定（単位）です。指定した大きさそのままの文字サイズで表示されます。
em	親要素のフォントサイズを基準とした指定です。「○○円」の「円」など、単位のみ小さく表示したい際などに重宝します。
rem	HTMLタグの文字サイズを基準とした指定です。デフォルトは16pxのため、1remは16px、2remは32pxで表示されます。remで指定をすることで、HTMLタグのフォントサイズを変更するだけでサイト全体の文字サイズを一括変更できます。

2 文字の色「color（カラー）」

文字の色は、colorプロパティで指定します。色の名前、もしくはカラーコード（P.38）で指定ができます。

```
color: #111;
```

<body>タグにcolorを指定することで、**Webサイトの基本となる文字色を設定**することができます。

基本となるテキストスタイルは <body> タグで指定し、特定の要素に異なるスタイルを適用したい場合は、それらの要素に個別のスタイルを適用していきます。

3 文字の太さ「font-weight（フォントウェイト）」

文字の太さは、font-weightプロパティで指定します。normal、boldの指定や、数値を使ったより細かい指定も可能です。

```
font-weight: bold;
```

font-weightの値	
normal,bold	normalで通常のフォントの太さ、boldで太字のフォントの太さで表示します。
100〜900	基本的には100単位で100〜900までの指定が可能です。

POINT Google Fontsのfont-weightを確認してみよう！

Google Fontsでは、各フォントのページにfont-weightが記載されているので確認してみましょう。

Google Fontsの基本的な使い方は、P.191で解説しています。

4 テキストの水平位置「text-align（テキストアライン）」

文字の水平位置を指定するためには、text-alignプロパティを使用します。**初期値はleft**で、**テキストが左揃え**になります。

左揃え　`text-align: left;`

テキスト

```
text-align: center;
```

中央揃え　`text-align: center;`

テキスト

テキストの位置揃えと、要素の位置揃えは異なる概念です。この使い分けについては、P.226のコラムで解説しています。

右揃え　`text-align: right;`

テキスト

8-04 テキストのスタイルを指定しよう　189

5　行の高さ「line-height（ラインハイト）」

行の高さは、line-heightプロパティで指定します。通常、文字サイズに応じて変化する「数値のみ」で指定します。

```
line-height: 1.5;
```

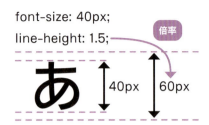

line-heightの値

数値のみ	最も基本となる指定です。フォントサイズに対して、指定した倍率で行の高さを設定します。フォントサイズの変化に対して、行の高さも自動で変化します。
px	指定した数値で、常に一定の行の高さを指定します。

6　文字の間隔「letter-spacing（レタースペーシング）」

文字同士の間隔調整（トラッキング）は、letter-spacingプロパティで指定します。通常、文字サイズを基準とした倍率をemで指定します。

```
letter-spacing: 0.04em;
```

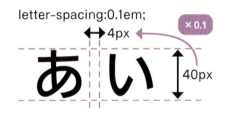

7　文字の装飾「text-decoration（テキストデコレーション）」

文字の装飾は、text-decorationプロパティで指定します。

```
text-decoration: underline;
```

text-decorationの値

underline	下線を引きます。
line-through	打ち消し線を引きます。
none	装飾をなくします。

下線　underline
テキスト

打消し線　line-through
テキスト

なし　none
テキスト

8 文字の種類「font-family（フォントファミリー）」

文字の種類は、font-familyプロパティで指定します。フォントの種類は、カンマ区切りで**複数の指定が可能**で、左から順に優先的にフォントが適用されます。

```
body {font-family: "Roboto", "Noto Sans JP", sans-serif;}
```
　　　　　　　　　　　　欧文フォント　　　日本語フォント　　ジェネリックファミリー

日本語サイトでは、**英語用のフォントと日本語用のフォントをどちらも指定**し、さらに sans-serif もしくは serif というジェネリックファミリー名を最後に指定します。これにより、指定したフォントが利用できない環境でも、Webサイトのテキストが常に適切に表示されます。

※ ジェネリックファミリー名は、基本的に san-serif（ゴシック体）か serif（明朝体）のどちらかを指定します。

使用するフォントは、<head>タグ内で読み込む必要があります。まずは、Google Fonts（グーグルフォント）の使い方を覚えましょう。

ヒント　Google Fontsの使い方

STEP.1　Google Fontsサイトにアクセス

https://fonts.google.com/

STEP.2　フォントを選ぶ

サイト内で使用したいフォントを検索し、選びます。フォントの太さやスタイルも選択できます。

STEP.3　フォントのリンクを取得

画面右上の「Get font」から、「Get embed code」と進み、<link>タグをコピーします。

STEP.4　HTMLで読み込み、CSSで指定する

HTMLファイルの <head> タグ内に <link> タグを追加します。あとはCSSのフォントファミリーの指定で、追加したフォントを指定します。

Chapter 8 05 四角形をつくって装飾してみよう

CSSタグで大きさを指定して、四角形の要素を作成してみましょう。さらに、四角形に対してさまざまなプロパティを使って装飾を加えてみましょう。

1 横幅「width（ウィッズ）」、高さ「height（ハイト）」

要素の横幅は width プロパティ、高さは height プロパティで指定します。

px で絶対的なサイズを、% で親要素に対する相対的なサイズを指定できます。

```
width: 400px;
```

```
height: 300px;
```

width・heightの単位	
px	最も基本となる指定です。指定した大きさで固定の横幅・高さを作成します。
%	親要素を基準とした割合の指定です。100%を指定すると、常に親の大きさいっぱいまで広がります。
vw	ブラウザの表示領域を基準とした割合です。100vwで画面の横幅いっぱいの大きさになります。

● <p> タグで四角形をつくってみよう

<p> タグや <div> タグに width と height を指定することで、**四角形の要素を作成**できます。この四角形の中には**テキストや画像などのコンテンツを配置**できます。

HTML
```
<p>テキスト</p>
```

CSS
```
p {
  width: 400px;
  height: 300px;
}
```

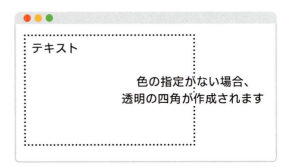

テキスト

色の指定がない場合、
透明の四角が作成されます

中のコンテンツの配置は「Flexbox（P.210）」で制御できます。

※ <p> タグや <div> タグなどのブロックレベル要素は大きさを指定できますが、<a> タグや <span> タグなどのインライン要素は基本的に大きさを指定できません。詳しくは「ボックスモデルを理解しよう」（P.196）を参照してください。

2 背景色「background-color（バックグラウンドカラー）」

要素の背景に色をつけるには、background-colorプロパティで色を指定します。

```
background-color: #ccc;
```

background-colorの値	
色の名前	black、redなど、色の名前で色を指定します。
カラーコード	#FFF、#000000などのカラーコードで色を指定します。
透明	transparentを指定すると、完全に透明な背景になります。

● 透過色を指定する

半透明な色を指定するには、**rgb関数**を使って、RGBカラーコードと不透明度を指定します。

Figmaで**RGBカラーコード**を確認するには、プロパティパネル「塗り」項目からカラーピッカーを表示し、セレクトボックスを切り替えることで、RGBの数値を確認できます。

```
rgb(255 0 0 / 0.2)
```

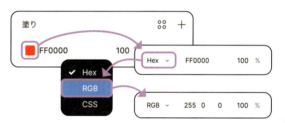

3 角丸「border-radius（ボーダーレイディアス）」

border-radiusプロパティを使用すると、四角形の角を丸めることができます。角を滑らかにすることで、より柔らかいデザインに仕上がります。

角丸の半径を指定

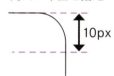

```
border-radius: 10px;
```
角丸を適用。値には半径を指定します。

● 円をつくる

正方形に、border-radius: 50%を適用することで、円を作成することができます。

```css
div {
  width: 100px;
  height: 100px;
  background-color: #ccc;
  border-radius: 50%;
}
```

4 枠線「border（ボーダー）」

borderプロパティで、枠線（ボーダー）を追加できます。borderプロパティは、3つのプロパティを一括で指定できます。

CSS
```
p {
  border: 4px solid #7f28ec;
}
```

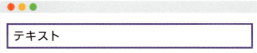

テキスト

borderと併用できるCSSプロパティ

border-width	線幅を指定します。基本的にpxで指定します。
border-style	線の種類を指定します。solid（直線）/ dotted（点線）/ dashed（破線）など
border-color	線の色を指定します。カラーコードや色の名前で指定します。

5 背景画像「background-image（バックグラウンドイメージ）」

background-imageプロパティに画像のパスを指定すると、要素の背景に画像を表示できます。値にはurl関数を使用して、表示したい画像の絶対パス、もしくは相対パスを指定します。

```
background-image: url(img/photo.jpg);
```

CSS
```
div {
  width: 200px;
  height: 200px;
  background-image: url(img/photo.jpg);
}
```

以下のプロパティを一緒に指定することで、背景画像の表示形式を調整することができます。

background-imageと併用できるCSSプロパティ

background-repeat	背景の繰り返しを制御します。repeat（繰り返して表示）/ no-repeat（繰り返さない）
background-size	背景の表示サイズを指定します。cover / contain / px指定など
background-position	背景の表示する位置を指定します。top left / 50px 100px / 50% 50%など

● **グラデーションカラーを指定する**

background-imageプロパティに、linear-gradient（リニアグラディエント）関数を使って、グラデーションカラーを指定できます。

to bottomで下方向、to rightで右方向といった具合で指定ができ、<mark>カンマ区切りで複数の色を指定</mark>します。

6 影「box-shadow（ボックスシャドウ）」

box-shadowプロパティで、要素に影をつけることができます。

```
box-shadow: 4px 8px 16px -4px rgb(0 0 0 / 0.2);
             ❶    ❷    ❸     ❹         ❺
```

❶ 水平方向の移動距離
❷ 垂直方向の移動距離
❸ ぼかしの半径
❹ 線の広がり
❺ 影の色

CSS
```css
div {
  width: 100px;
  height: 100px;
  border: 1px solid #000;
  box-shadow: 4px 8px 16px -4px rgb(0 0 0 / 0.2);
}
```

● **要素の内側に影をつける**

プロパティの最後に<mark>inset</mark>を加えて、内側に影をつけることができます。

```
box-shadow: 4px 8px 16px -4px rgb(0 0 0 / 0.2) inset;
```

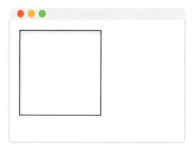

Chapter 8 06 ボックスモデルを理解しよう

HTMLの要素は「ボックス」という概念で構成されています。ボックスモデルは、コンテンツ、パディング、ボーダー、マージンの4つの領域から成り立っています。

1 ボックスモデルとは？

ボックスモデルとは、「HTML要素は、すべて**四角形のボックスでつくられている**」という考え方です。CSSを使用してこれらの領域にスタイルを適用し、ページのデザインを作成していきます。

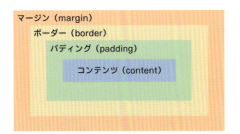
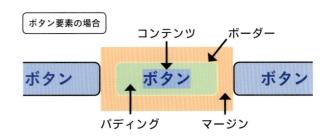

❶ コンテンツ（content）

ボックスモデルの最も内側にある部分で、テキストや画像など、HTMLで書かれている内容が表示される領域です。

コンテンツに適用できる主なCSSプロパティ	
width/height	要素の幅/高さを指定
background-color	要素の背景色を指定
color	テキストの色を指定

❷ パディング（padding）

コンテンツとボーダーの間のスペースを指します。パディングは、要素内側の余白を設けるために使用します。

パディングに適用できる主なCSSプロパティ	
padding-top padding-right padding-bottom padding-left	各方向のパディングのサイズを個別に指定
padding	パディングを一括で指定

❸ ボーダー（border）

ボックスの周囲に沿って描画される境界線を指します。ボーダーは、ボックスの外観を強調したり、グループ化したりするために使用します。

ボーダーに適用できる主なCSSプロパティ	
border-width	ボーダーの幅を指定
border-style	ボーダーのスタイルを指定
border-color	ボーダーの色を指定
border	ボーダーを一括で指定

④ マージン（margin）

ボックスとその周囲の他の要素との間のスペースを指します。マージンは、要素同士の間隔を制御し、要素の配置やレイアウトを調整します。

マージンに適用できる主なCSSプロパティ	
margin-top margin-right margin-bottom margin-left	各方向のマージンのサイズを個別に指定
margin	マージンを一括で指定

2　paddingとmarginの使い分けに注意しよう

paddingとmarginは、どちらも周囲の余白を制御するためのCSSプロパティですが、使い分けには次のような違いがあります。

● padding

paddingプロパティは、コンテンツ（テキストや画像など）とその周囲のボーダーとの間の空白を調整します。つまり、要素の「**内側の余白**」といえます。

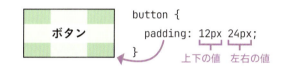

● margin

marginプロパティは、要素とその周囲の要素との間の空白を調整します。つまり、要素の「**外側の余白**」といえます。

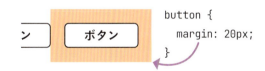

POINT　box-sizing: border-box;とは？

要素にサイズを指定すると、**通常コンテンツ領域に適用されます**。それにパディングやボーダーを加えて指定すると、ボックスのサイズがその分大きくなり、**レイアウトが崩れる**ことがあります。

これを防ぐためには、box-sizingプロパティにborder-boxを指定します。すると、**パディングとボーダーが幅と高さの指定に含まれる**ようになり、サイズ指定が便利になります。

一般的には、リセットCSS（P.186）ですべての要素に対してbox-sizing: border-box;を適用します。

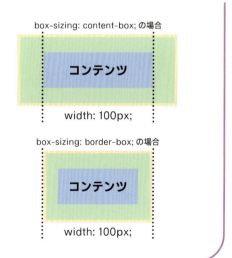

3 ブロック要素とインライン要素

HTMLのタグは、それぞれが「ブロック要素（ブロックレベル要素）」か「インライン要素」という、大きく**2つの性質に分類**されます。この2つの性質ごとに、ページ上で**どのように配置されるか**が異なります。

> 📎 **MEMO**
>
> この分類は実際にはCSSで定義されており、CSSによって要素の表示方法を調整することができます。

● ブロック要素

ブロック要素は、**横幅（幅）いっぱいに広がる性質**があり、横幅（width）を指定しない場合は親要素の横幅いっぱいまで**自動で広がります**。そのため、複数のブロック要素を並べると、縦に積み重なって表示されます。

高さ（height）を指定しない場合は、中のコンテンツに応じて自動的に高さが調整されます。

ブロック要素には、width（横幅）・height（高さ）・padding（内側の余白）・margin（外側の余白）を指定することができ、主に**レイアウトを構成する**ために利用されます。

> **ブロック要素の例**
>
> <div> <p> <header> <section>

特徴

- ✔ 大きさが横いっぱいに広がる
- ✔ 縦に並ぶ
- ✔ サイズと余白を指定できる

● インライン要素

インライン要素は、中のコンテンツ量に応じて**自動で横幅と高さが決まる性質**を持っています。つまり、**横幅と高さを指定することはできません**。複数のインライン要素が並ぶ場合、これらの要素は**横に並んで表示**され、自動的に余白が設けられます。

この特性は、主に**テキストの一部を修飾する**ために利用されます。

> **インライン要素の例**
>
> <a> <span> <strong>

※ インライン要素には、padding と margin どちらも指定することはできますが、上下の余白指定においては重なって表示されてしまうなどの問題点があるため、極力指定しないのが無難です。

特徴

- ✔ コンテンツ量により大きさが変化
- ✔ 横に並ぶ
- ✔ サイズと余白は指定できない※

198　Chapter 8　CSSの基本をおさえよう

● インラインブロック要素とは？

インラインブロック要素は、ブロック要素とインライン要素の**両方の特性を持つ**要素です。コンテンツ量に応じて横幅が決まり、横並びになる性質がありますが、同時に**横幅や高さ、余白を指定できます**。

また、インライン要素は親ボックスの幅で折り返して表示されますが、インラインブロック要素は**改行して表示**されます。

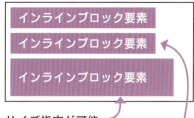

> Flexboxの登場で、インラインブロック要素を使うケースはほとんどなくなっています。

● displayプロパティで性質を変更する

これらの性質は、displayプロパティを使って**自由に変更することができます**。たとえば、デフォルトはインライン要素である <a> タグを、ブロック要素に変更するといったことが可能です。

性質を変化させるCSSの指定	
display: block;	ブロック要素に変更
display: inline;	インライン要素に変更
display: inline-block;	インラインブロック要素に変更

> **📎 MEMO**
> displayプロパティの値は、flexやgridなど、他にも種類があり、この先のページで紹介します。

ステップアップ　マージンの一括指定の書き方を覚えよう

一括指定は、複数のプロパティ値を短くまとめて書く方法です。たとえば、marginプロパティは右図のような一括の指定が可能です。

ほかにも、padding、border、gapなども同様の形式で指定可能です。

CSS

```
/* 上下左右に10pxのマージン */
margin: 10px;

/* 上下が10px、左右が20px */
margin: 10px 20px;

/* 上が10px、左右が20px、下が30px */
margin: 10px 20px 30px;

/* 上10px、右20px、下30px、左40px */
margin: 10px 20px 30px 40px;
```

> 「上、右、下、左」の順序に注意して指定しましょう。

Chapter 8
07 画像のスタイルを指定しよう

<img> タグで配置した画像に対して、CSSで大きさや比率、表示形式などのスタイルを変更してみましょう。

1 <img> タグの大きさを変更する

<img>タグで表示される画像は、通常はオリジナルのサイズで表示されますが、サイズ指定が可能です。

● 横幅のみ指定する

<img> タグに対して、widthプロパティで任意のサイズを指定することで、画像のサイズを変更できます。アスペクト比（縦横の比率）が保たれるため、**高さは自動的に伸縮**します。

※ <img> タグはインライン要素でありながら、サイズの指定ができる、少し特殊なタグです。

CSS
```
img { width: 200px;}
```

逆に高さのみ指定した場合は、アスペクト比を保ちつつ、横幅が自動で変化します。

● 横幅と高さを指定する

たとえば、縦長の写真に対して、widthとheightに**同じ値を指定すると正方形**になります。注意点として、オリジナルの比率とCSSで指定した比率が異なる場合、画像は歪んで表示されます。

オリジナルサイズ

width: 200px;
height: 200px;
縦につぶれて表示

ヒント　画像の歪みを解消する

```
object-fit: cover;
```
コンテンツ領域内での表示方法を指定

上記のように歪んだ画像は object-fit プロパティに cover を指定することで、画像が歪まずにクロップされた状態で表示されます。クロップせずに画像の全体を表示させたい場合は、containを指定しましょう。

object-fit: cover;

全体を埋める

object-fit: contain;

収める

2　`<img>`タグの「比率」を変更する

aspect-ratio プロパティで、画像の比率を変更できます。たとえば、4:3 比率の画像を 16:9 などに変更できます。

> `aspect-ratio: 16 / 9;`　　要素の比率を指定するプロパティ。画像以外の要素にも使える

CSS
```css
img {
  aspect-ratio: 16 / 9;
  object-fit: cover;
}
```

4:3　　　　　　　　　　16:9

 オリジナル比率と比率の指定が異なる場合は、画像が歪んで表示されてしまうので、object-fit プロパティを合わせて指定します。

3　`<img>`タグの「最大幅」を制限する

CSS
```css
img { max-width: 100%;}
```

指定なし　　　　　　max-width: 100%;

← 親要素の幅 →

画像が親要素を超えて大きく表示されてしまうことがあります。この問題を解決するために、max-width:100%; を指定しましょう。

4　`<img>`タグ下の余白をなくす

`<img>` タグはデフォルトで画像の下に余白が追加されます。これは、意図しないレイアウトの乱れを引き起こす可能性があるため、取り除くための指定を追加してあげましょう。

CSS
```css
img { display: block;}
```

画像をブロック要素にすることで、余白を取り除くことができます。

 「最大幅の制限」と「余白をなくす」指定は、**リセットCSS**に記述するのがオススメです。本書で配布しているリセットCSSには、これらの記述がすでに含まれています。

Chapter 8
08 classセレクタの使い方を覚えよう

classセレクタを使うと、CSSでのスタイリングをより柔軟に行えるようになります。

1 class（クラス）とは？

class（クラス）は、タグに付与できる**グループ名**です。複数のタグに同じclassを付与することで、**共通のスタイルを適用**することができます。

classを使うことで、**同じタグでスタイルを分ける**ことや、**異なるタグに共通のスタイルを適用する**といったことが可能になります。

2 classセレクタの使い方

HTMLでタグに定義したclassに、CSSでclassセレクタを指定し、スタイルを適用します。

```
HTML
<div class="element">テキスト</div>
```
class属性　class名

```
CSS
.element {
  color: blue;
}
```
classセレクタの指定

STEP.1 HTMLで、タグにclassを定義する

特定のタグにclass属性を付与します。値には、任意のclass名を指定します。

STEP.2 CSSで、classセレクタを指定する

ドット（.）に続けてclass名を指定することで、classが付与されたタグにスタイルを適用できます。

この指定では、「element」というclassが付与されたすべての要素に対して、文字色を青にするスタイルが適用されます。

3 要素セレクタとclassセレクタの使い分け

要素セレクタ（タグに対するセレクタ）は、同じ種類のすべてのタグにスタイルを適用する際に使用します。

要素セレクタは、**タグの初期値を設定する**イメージです。一方、classセレクタは、異なる要素に**共通のスタイルを適用**したり、特定のグループにだけスタイルを適用する場合に使用します。

CSS
```
p {
  font-size: 16px;
  line-height: 1.5;
}
.highlight {
  background-color: yellow;
}
```
→ 基本のスタイル
→ classを付与したタグにだけ適用

4 スタイルの優先度（詳細度）

基本的な原則は「**上から下への適用**」です。つまり、同じ要素に複数のスタイルが適用された場合、**後に記述されたスタイルが優先**されます。

右図の場合、青色に設定されたスタイルは後のルールで**上書き**され、<p>要素は赤色になります。

HTML
```
<p class="abc">テキスト</p>
```

CSS
```
p { color: blue;}
p { color: red;}
```
→ 赤になる

● セレクタの優先度

ただし、右図の場合、<p>要素は**青色**になります。classセレクタの優先度が要素セレクタよりも高いためです。つまり、同じ要素に対してclassと要素の両方が指定されている場合は、**classセレクタが優先**されます。

CSS
```
.abc { color: blue;}
p { color: red;}
```
→ 青になる

豆知識　!importantで強制的に上書きする

セレクタには優先度がありますが、スタイルの最後に「!important」をつけることで、**優先度を最も高くする**ことができます。

CSS
```
.abc { color: blue;}
p { color: red !important;}
```
→ 赤になる

!importantは一見便利そうに見えますが、多用するとCSSの管理が複雑になって後々困ることに…。そのため、極力 !important を使わないスタイリングを心がけましょう。

5 複数のclass名を扱う

● 複数のclass名を付与する

1つのタグに対して、半角スペースで区切ることで、**複数のclass名**を付与できます。また、2つのclassを繋げて指定すると、**2つのclass名が付与されている要素**に対してスタイルを指定できます。

HTML
```
<p class="abc def">コンテンツ</p>
```

CSS
```
.abc.def { color: blue;}
```

● 複数のclass名に同じスタイルを指定

カンマで複数のclassセレクタを区切ることで、**複数のclassに同じスタイルを適用**できます。

HTML
```
<p class="a">A</p>
<p class="b">B</p>
<p class="c">C</p>
```

CSS
```
.a,
.b,
.c {
  color: blue;
}
```

> とりあえずこういった書き方だけ覚えておきましょう！

6 class名の決め方

class名は自由に決められますが、**適当につけてしまうと管理が難しくなります**。明確なルールはありませんが、使いやすく管理しやすいclass名にするためのポイントをチェックしましょう。

❶ 意味を持たせる

要素が表す意味や役割を反映し、わかりやすい名前を選びましょう。

✗ 悪いclass名の例
```
abc
style1
```
要素の役割や目的が不明瞭

○ 良いclass名の例
```
primary-button
article-title
```
要素の役割や目的が反映されている

> ちなみに、class名は大文字と小文字が区別されます。

❷ 命名規則を統一する

HTMLでは**スネークケースかケバブケース**、JavaScriptで**キャメルケース**を使うのが一般的です。スネークケースとケバブケースが混在するような命名は避けましょう。

スネークケース	`class_name`
ケバブケース	`class-name`
キャメルケース	`className`

❸ 使用できない名前に注意

class名に日本語や全角英数字は使用できません。必ず**半角英数字のみ**を使用しましょう。また、数字から始めることもできません（数字を含めることは可）。

✗ 使用できない
- `.強調表示`
- `.ｂｕｔｔｏｎ`
- `.2level`

○ 使用できる
- `.level2`

❹ class名の重複に注意

たとえば、`.title` という汎用的なclass名を使用すると、他の場所でも同じclass名が使われて、**スタイルが競合**する可能性があります。

そのため、より**具体的なclass名**を設定するか、親要素との組み合わせで設定（子孫セレクタ:P.206）するなどの工夫が必要です。

class名の重複による影響

黒タイトル　`.title { color: #000;}`
青タイトル　`.title { color: #06F;}`

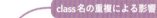

具体的なclass名

黒タイトル　`.default-title { color: #000;}`
青タイトル　`.primary-title { color: #06F;}`

豆知識　id（アイディー）属性とは？

classと似たような属性にidがあります。idもタグに付与できる属性ですが、同一ページ内で**同じid名を指定することはできません**。

idを用いたスタイルの適用は、シャープ（#）に続けてid名を指定することができます。しかし、idは主にJavaScriptで使用し、スタイルの適用にはclassを使用します。

```css
#id-name {
  color: blue;
}
```

idを併用するとスタイルの管理が煩雑になるため、スタイリングにはclassだけを使いましょう。

Chapter 8
09 いろいろなセレクタの指定方法

要素セレクタ、classセレクタ以外にも、CSSではいろいろなセレクタの指定方法があります。より柔軟に、特定の要素にスタイルを適用する方法を覚えましょう。

1 子孫セレクタ

タグやclassを半角スペース区切りで並べることで、**親子関係にある要素**に対してスタイルを適用します。

```
.parent p { color: blue;}
```
子要素に対してスタイルを適用

HTML
```
<p>テキスト1</p>
<div class="parent">
    <p>テキスト2</p>
</div>
```

テキスト1
テキスト2

右のHTMLに上記のスタイルを設定すると、テキスト2の<p>タグにのみスタイルが適用されます。

 追加でclassを付与せずに、特定の要素を指定できます。

2 直下セレクタ

特定の要素の**直下にある要素**に対してスタイルを適用します。

```
div > p { color: blue;}
```
直下の要素に対してスタイルを適用

HTML
```
<div class="parent">
    <p>テキスト1</p>
    <section>
        <p>テキスト2</p>
    </section>
</div>
```

テキスト1
テキスト2

右のHTMLに上記のスタイルを設定すると、テキスト1の<p>タグにのみスタイルが適用されます。

豆知識 すべての要素に対してスタイルを適用する

```
* { margin: 0;}
```
すべての要素に対してスタイルを適用

＊（アスタリスク）セレクタは、すべての要素に一括でスタイルを適用することができます。主な用途として、リセットCSSなどで一括でスタイルをリセットする際などに使用します。

206　Chapter 8　CSSの基本をおさえよう

3 隣接セレクタ

特定の要素の**直後にある兄弟要素**に対してスタイルを適用します。

```
div + p { color: blue;}
```

隣接するタグに対してスタイルを適用

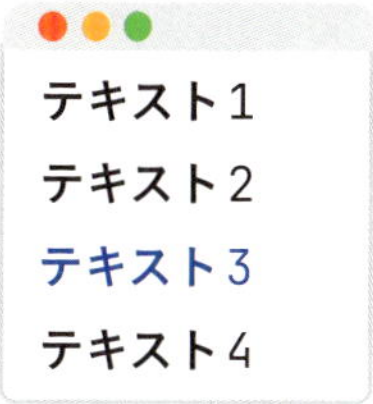

右図のHTMLに対して、上記のスタイルを適用した場合、テキスト3の<p>タグにのみスタイルが適用されます。

HTML

```
<p>テキスト1</p>
<div>テキスト2</div>
<p>テキスト3</p>
<p>テキスト4</p>
```

テキスト1
テキスト2
テキスト3
テキスト4

4 間接セレクタ

特定の要素の**後方にある兄弟要素**に対して対してスタイルを適用します。

```
div ~ p { color: blue;}
```

並びにある要素に対してスタイルを適用

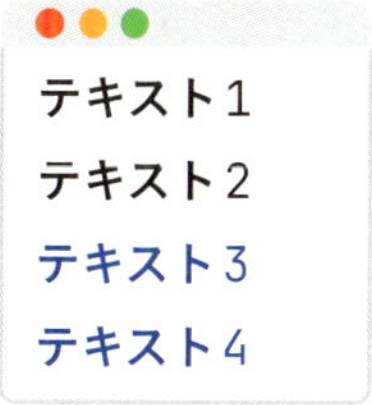

右図のHTMLに対して、上記のスタイルを適用した場合、テキスト3とテキスト4の <p> タグに対してスタイルが適用されます。

HTML

```
<p>テキスト1</p>
<div>テキスト2</div>
<p>テキスト3</p>
<p>テキスト4</p>
```

テキスト1
テキスト2
テキスト3
テキスト4

5 属性セレクタ

特定の属性値が設定された要素に対してスタイルを適用します。

```
input[type="text"]
```

type属性がtextの <input> タグにスタイルを適用

```
a[target="_blank"]
```

target属性が _blank の<a>タグにスタイルを適用

Chapter 8-10 擬似要素と擬似クラス

内容の前後に要素を追加できる「擬似要素」と、要素の状態に基づいてスタイルを指定できる「擬似クラス」について学習しましょう。

1 擬似要素、::before と ::after

● 擬似要素とは？

擬似要素とは、**HTMLコード内には存在しない要素を追加できる**機能です。

```
p::before { content: "";}
```
並びにある要素に対してスタイルを適用

::before はコンテンツの前に、**::after はコンテンツの後ろ**に指定した内容が追加されます。挿入する内容は content プロパティで指定します。

HTML
```
<p>テキスト</p>
```

CSS
```
p::before {
  content: "ビフォー";
}
p::after {
  content: "アフター";
}
```

ビフォーテキストアフター

● 装飾要素を追加する

::before と ::after は、**空の要素を挿入しスタイリング**することも可能です。content プロパティに空の要素を指定し、その要素にスタイルを適用することで、対象の要素の前後に**装飾を追加**できます。

HTML
```
<ul>
  <li>リスト項目1</li>
  <li>リスト項目2</li>
  <li>リスト項目3</li>
</ul>
```

CSS
```
li::before {
  content: "";
  display: inline-block;
  width: 10px; height: 10px;
  background-color: blue;
}
```

■リスト項目1
■リスト項目2
■リスト項目3

HTMLにタグを追加してスタイリングすることも可能ですが、擬似要素を使うと、タグの追加なしに一括で要素を追加することが可能です。

208　Chapter 8　CSSの基本をおさえよう

2 擬似クラスとは？

擬似クラスとは、要素の**特定の状態や位置に**スタイルを適用するための仕組みです。

:hover（ホバー）

:hoverは、要素の上に**カーソルを合わせた際に適用される**擬似クラスです。

> **a:hover**
> マウスポインターが要素の上にホバー（重なる）した際に適用されるスタイルを指定

HTML
```
<a href="">リンク</a>
```

CSS
```
a:hover {
  color: red;
}
```

<a>タグや<button>タグに指定することで、要素が**クリック可能であることを示す**ことができます。

一般的には、colorやbackgroundプロパティで色を変更したり、opacityプロパティで不透明度を調整します。

通常の表示

ホバーした際の表示

:nth-child（エヌスチャイルド）

:nth-childは、親要素の中で要素が何番目の位置にあるかを指定するための擬似クラスです。

> **li:nth-child(2)**
> ○番目の要素に対してスタイルを指定

数字の他にも、:nth-child(odd)で奇数、:nthchild(even)で偶数の要素を指定することが可能です。

HTML
```
<ul>
  <li>リスト項目1</li>
  <li>リスト項目2</li>
  <li>リスト項目3</li>
</ul>
```

CSS
```
li:nth-child(2) {
  color: blue;
}
```

- リスト項目1
- リスト項目2
- リスト項目3

他にも種類はありますが、まずは今回紹介した基本的なものから使ってみましょう。

Chapter 8
11 Flexboxでレイアウトを組もう

▼ 動画レッスン

Flexbox（フレックスボックス）を使ってレイアウトを組むことができます。アイテムを効率的に並べたり、配置や整列を簡単に行うことができます。

1 Flexbox（フレックスボックス）とは？

Flexbox（フレックスボックス）とは、CSSでレイアウトを組むための機能です。親要素の「**フレックスコンテナ**」と、直下の子要素の「**フレックスアイテム**」で構成されます。

フレックスコンテナの制御により、フレックスアイテムを**縦や横に並べたり**、アイテム同士の**間隔や順序を調整する**ことができます。

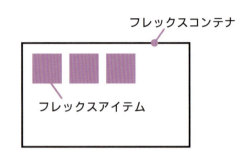

Flexboxは少し複雑なプロパティなので、**動画でも解説**しています！

2 Flexboxの基本の使い方

● Flexboxを適用する前の状態

まずは親要素と、中に四角形の子要素を3つ配置しました。何も指定がない場合は、これらの子要素（ブロック要素）は縦並びに配置されます。これをFlexboxを使って変化させてみましょう。

HTML
```html
<div class="layout">
  <div class="square">1</div>
  <div class="square">2</div>
  <div class="square">3</div>
</div>
```

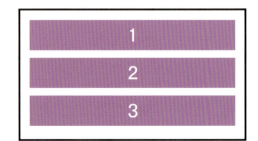

この状態から、Flexboxを使って、レイアウトを組んでいきます。

● 親要素をフレックスコンテナにする

| `display: flex;` | 要素をフレックスコンテナにする。直下の要素はフレックスアイテムになる |

```css
.layout {
  display: flex;
}
```

display: flex;を指定することで要素は「**フレックスコンテナ**」になります。この指定で、直下の要素である「**フレックスアイテム**」は自動的に左から右へ**横方向に整列**します。

※ フレックスアイテムになるのは直下の要素のみで、孫要素には影響はありません。

● アイテム同士に間隔を設ける

| `gap: 10px;` | フレックスアイテム同士の間に間隔を設ける |

```css
.layout {
  display: flex;
  gap: 10px;
}
```

フレックスコンテナ（display: flex;を指定した要素）に対して、**gapプロパティを合わせて指定**することで、フレックスアイテム同士に**間隔を設ける**ことができます。

● アイテムを折り返して表示する

| `flex-wrap: wrap;` | フレックスアイテムを折り返して並べる |

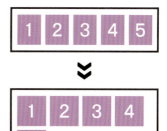

フレックスコンテナの横幅よりフレックスアイテムの横幅が大きくなってしまうと、**要素がつぶれたり、飛び出して表示**されてしまいます。これを防ぐためには、flex-wrapプロパティに「wrap」を指定します。

これらのプロパティは、**フレックスコンテナ**に対して使えるプロパティです。単体で指定してもスタイルに変化はないので、必ず display: flex; と**一緒に指定**しましょう。

3 並べる方向を指定する

```
flex-direction
```
フレックスアイテムを並べる方向を指定する

フレックスコンテナにflex-directionプロパティを設定することで、**アイテムを並べる方向を指定**できます。

● アイテムを横方向に並べる

```
flex-direction: row;
```

左から右へ、横方向に並ぶ

flex-directionのデフォルト値は「row」なので、何も指定しない場合、**アイテムは左から右へ横並びに配置**されます。

● アイテムを縦方向に並べる

```
flex-direction: column;
```

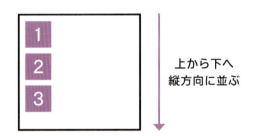

上から下へ
縦方向に並ぶ

値に「column」を指定すると、**アイテムは上から下へ、縦並びに配置**されます。

● アイテムを横方向かつ反対方向に並べる

```
flex-direction: row-reverse;
```

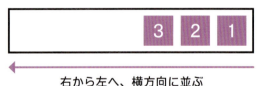

右から左へ、横方向に並ぶ

値に「row-reverse」を指定すると、**アイテムは右から左へ、横並びに配置**されます。

● アイテムを縦方向かつ反対方向に並べる

```
flex-direction: column-reverse;
```

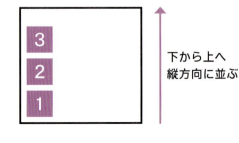

下から上へ
縦方向に並ぶ

値に「column-reverse」を指定すると、**アイテムは下から上へ、縦並びに配置**されます。

4 垂直方向の揃える位置を指定する

---
align-items

フレックスアイテムの垂直方向の揃える位置を指定する

Flexコンテナにalign-itemsプロパティを指定して、**アイテムを揃える垂直方向の位置**を指定できます。

● アイテムを上部に配置

```
align-items: flex-start;
```

値に「flex-start」を指定すると、**アイテムは上部に揃って配置**されます。

● アイテムを中央に配置

```
align-items: center;
```

値に「center」を指定すると、**アイテムは中央に揃って配置**されます。

● アイテムを下部に配置

```
align-items: flex-end;
```

値に「flex-end」を指定すると、**アイテムは下部に揃って配置**されます。

ヒント　flex-directionの指定によって、揃う位置が変化

flex-directionの指定によって、align-itemsの要素が揃う位置が変化するので注意が必要です。

flex-direction: row; の場合
flex-start　center　flex-end

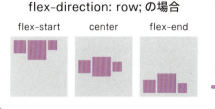

軸が水平方向 →

flex-direction: column; の場合
flex-start　center　flex-end

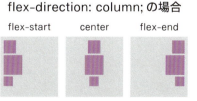

軸が垂直方向 ↓

8-11 Flexboxでレイアウトを組もう

5 水平方向の揃える位置を指定する

> justify-content
> フレックスアイテムの水平方向の揃える位置を指定する

フレックスコンテナに justify-content プロパティを設定して、**アイテムを揃える水平方向の位置**を指定できます。

● アイテムを左揃えにする

> justify-content: flex-start;

値に「flex-start」を指定すると、**アイテムは左に揃って配置**されます。

● アイテムを中央配置にする

> justify-content: center;

値に「center」を指定すると、**アイテムは中央に揃って配置**されます。

● アイテムを右揃えにする

> justify-content: flex-end;

値に「flex-end」を指定すると、**アイテムは右に揃って配置**されます。

● 均等割り配置

> justify-content: space-between;

値に「space-between」を指定すると、**アイテムは均等配置**されます。

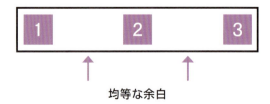

均等な余白

● **左右の余白を含む均等割り配置**

```
justify-content: space-around;
```

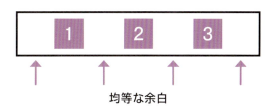

値に「space-around」を指定すると、**アイテムは左右の余白を含め均等配置**されます。

6 いろいろな配置を試してみよう

これまでに出てきたプロパティを組み合わせることで、要素を自由に配置することができます。

 ・横並び、上下左右中央

```
flex-direction: row;
align-items: center;
justify-content: center;
```

 ・横並び、右端中央

```
flex-direction: row;
align-items: center;
justify-content: flex-end;
```

 ・横並び、左端下部

```
flex-direction: row;
align-items: flex-end;
justify-content: flex-start;
```

 ・縦並び、上下左右中央

```
flex-direction: column;
align-items: center;
justify-content: center;
```

 ・縦並び、中央下部

```
flex-direction: column;
align-items: center;
justify-content: flex-end;
```

 ・縦並び、右端上部

```
flex-direction: column;
align-items: flex-end;
justify-content: flex-start;
```

POINT レスポンシブで方向を変える

ナビゲーションの表示で、パソコン画面では横並び、モバイル端末では縦並びにするといったことがよくあります。

そんなときは、パソコンの指定では、flex-directionにrowを指定し横並びに、モバイル端末に切り替わるタイミングでflex-directionにcolumnを指定して縦並びに、といった組み方ができます。

このようにレスポンシブの手法を使うと、画面サイズに応じて柔軟にレイアウトを切り替えることができます。

（レスポンシブ対応をしよう→P.268）

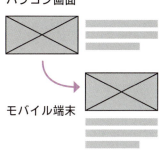

Chapter 8 - 12

GridLayoutでレイアウトを組もう

ページ全体のレイアウトなどを組むのには、GridLayoutが向いています。

1 GridLayout（グリッドレイアウト）とは？

GridLayoutは、CSSでレイアウトを組むための機能です。**行と列のグリッドを作成**し、その中に**要素を配置**してレイアウトを構築できます。

Flexboxは要素を一方向に並べてレイアウトを組むのに優れているのに対し、GridLayoutは**ページ全体のレイアウトや複雑な構造を組む際に最適**です。

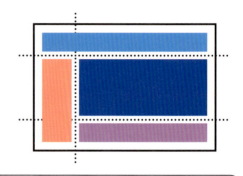

格子状にエリアを区切って、その上に要素を配置していくイメージです。Microsoft Excelでいうところの"セル"を複数またいで、要素を配置することもできます。

2 GridLayout の基本の使い方

GridLayoutを適用する前と後の状態で、要素がどのように変化するかを見ていきましょう。

● GridLayoutを適用する前の状態

まずは、2カラムのページを想定して、レイアウト用の<div>タグ、その中にサイドバーの要素<aside>タグとメインエリアの要素<main>タグを用意します。何も指定がない場合、中の要素は縦に並んだ状態になっています。

```html
<div class="layout">
  <aside>サイドバー</aside>
  <main>メイン</main>
</div>
```

この状態から、GridLayoutを使ってレイアウトを組んでいきます。

● GridLayoutを適用する

```
display: grid;
```
要素をグリッドコンテナにする。直下の要素はグリッドアイテムになる

CSS
```css
.layout {
  display: grid;
}
```

display: grid;を指定することで要素は「**グリッドコンテナ**」になります。直下の要素である「**グリッドアイテム**」は自動的に横幅いっぱいに広がり、**縦方向に整列**します。

※ グリッドアイテムがブロック要素の場合、見た目上の変化はありません。

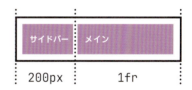

● 列（縦のラインで区切ったエリア）をつくる

```
grid-template-columns: 200px 1fr;
```
グリッドコンテナに列のエリアをつくる

CSS
```css
.layout {
  display: grid;
  grid-template-columns:
    200px 1fr;
}
```

グリッドコンテナ（display: grid;を指定した要素）に対して、grid-template-columnsプロパティを使って列を設けます。**列の大きさは、半角スペース区切りで指定**します。

作成された列のエリアに対して、グリッドアイテムが左から順番に配置されます。

POINT 単位「fr（エフアール）」とは？

「fr」とは、GridLayoutで使用できる単位です。"fr"は「fraction（分数）」の略で、**利用可能なスペース内における割合**を指定するものです。たとえば、グリッドコンテナの横幅が900pxだった場合、grid-template-columnsプロパティで、1fr 2frと指定すると、300pxと600pxの列が作成されます。

Flexboxと同様に、**GridLayoutでもalign-itemsやjustify-contentを使用**して、グリッドアイテムの配置を制御することができます。なお、flex-start／flex-endはそれぞれ、start／endと記述します。

8-12 GridLayoutでレイアウトを組もう 217

● 「行（横のラインで区切ったエリア）」をつくる

```
grid-template-rows: 100px 100px;
```
グリッドコンテナに行のエリアをつくる

グリッドコンテナに対して、grid-template-rows プロパティを使って行を設定します。**行の高さは、半角スペース区切りで指定**します。

作成された行のエリアに、グリッドアイテムが**上から順番に配置**されます。

CSS
```
.layout {
  display: grid;
  grid-template-columns:
    200px 1fr;
  grid-template-rows:
    100px 100px;
}
```

grid-template-rowsを指定しない場合は、行の高さは中のコンテンツによって自動的に変動します。

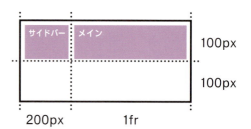

3 ページのレイアウトを組んでみよう

GridLayoutを使って、図のような、2カラムのWebページのレイアウトを組んでみましょう。

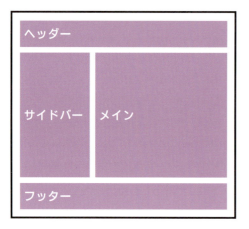

❶ 必要なタグを用意する

HTML
```
<body>
  <header>ヘッダー</header>
  <aside>サイドバー</aside>
  <main>メイン</main>
  <footer>フッター</footer>
</body>
```

まずは<body>タグの直下に、<header><aside><main><footer> タグを配置します。

❷ bodyタグをグリッドコンテナにする

```css
body {
    display: grid;
    min-height: 100dvh;
}
```

STEP.1 グリッドコンテナにする
bodyタグをグリッドコンテナにします。

STEP.2 最小の高さを設ける
コンテンツ量が少ないページは高さがブラウザより小さくなり、下に**空白が生じる**ことがあります。そのため、min-height（最小の高さ）に100dvhを指定して、bodyタグをブラウザの高さまで広げます。

```
min-height: 100dvh;
最小の高さを指定する
```

POINT 単位「dvh（ディーブイエイチ）」とは？
dvhとは、**ブラウザで表示される高さ**を指定できる単位です。100dvhの指定で、**画面の高さいっぱいを指定**することができます。似た単位に「vh（ブイエイチ）」がありますが、「dvh」の方がスマートフォンのアドレスバーの表示・非表示によって高さが自動調整されるため、**vhよりも柔軟で優れています**。

❸ 列と行を指定してエリアをつくる

```css
body {
    display: grid;
    min-height: 100dvh;
    grid-template-columns:
        200px 1fr;
    grid-template-rows:
        auto 1fr auto;
}
```

STEP.1 列をつくる
grid-template-columnsプロパティで、2つの列をつくります。最初の列（200px）はサイドバー用に、2つ目の列（1fr）はメインエリア用に、残りの利用可能なスペースを使用します。

STEP.2 行をつくる
grid-template-rowsプロパティで、行を定義します。ヘッダー（最初の行）とフッター（最後の行）は内容に応じて高さが自動調整され、中央のエリアは残りのスペースを埋めます。

コンテンツが増えても中央のエリアが広がり、ページが縦にスクロールされます。

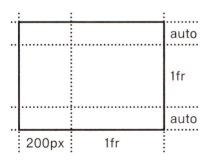

8-12 GridLayoutでレイアウトを組もう 219

❹ 各エリアに要素を配置する

何も指定がない場合、中の要素は左上から右方向に順番にエリアに配置されます。これを適切な配置にしていきます。

・ヘッダーとフッターのエリアを広げる

```
grid-column: span 2;
```
2列分の幅を持つようになる

ヘッダーは**2列分の大きさで配置**する必要があります。そのため、grid-column プロパティに **span 2** を指定することで、2つのエリアを跨いで配置できます。

ちなみに、2行分の高さを持つようにするには、「**grid-row：span 2；**」を使います。

CSS
```
header {
  grid-column: span 2;
}
footer {
  grid-column: span 2;
}
```

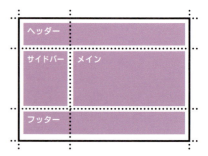

4 「グリッドエリア」でレイアウトを組む

grid-template プロパティと grid-area プロパティを併用すると、エリアに名前をつけて配置することができます。

❶ エリアを設ける

grid-template プロパティは、**grid-template-columns** と **grid-template-rows** をスラッシュで区切ることで、**一括指定**ができるプロパティです。さらに、"(ダブルクォーテーション) で**エリア名を指定し、要素を紐づけて配置**することができます。

```
body {
  grid-template:
  "head head" auto
  "side main" 1fr
  "foot foot" auto
  / 200px 1fr;
}
```
エリア名

```css
header { grid-area: head;}
aside  { grid-area: side;}
main   { grid-area: main;}
footer { grid-area: foot;}
```

❷ エリアに要素を紐づける

grid-areaプロパティに指定したエリア名を指定することで、そのエリアに要素を配置することができます。

5 GridLayoutを気軽に使ってみよう！

● 上下に均等な間隔を設ける

たとえば、縦に並んでいる複数の項目に均等に余白を設けたいとき、GridLayoutを使うと便利です。

HTML
```html
<div class="layout">
  <h2>タイトル</h2>
  <p>文章文章</p>
  <p>2024/06/18</p>
</div>
```

STEP.1　親要素をグリッドコンテナに

３つの要素を`<div>`タグで囲みます。このタグには `display: grid;`を指定してグリッドコンテナにします。

STEP.2　gapプロパティを使って間隔を空ける

gap プロパティで要素同士の間隔を調整します。

CSS
```css
.layout {
  display: grid;
  gap: 10px;
}
```

この指定だけで、簡単に均等に上下の余白を作成することができます！

● 上下左右中央に配置する

HTML
```html
<div class="layout">
  <h2>タイトル</h2>
</div>
```

STEP.1　親要素をグリッドコンテナに

中央に配置したい要素をレイアウト用のタグで囲い、このタグにはdiaplay: grid;を指定してグリッドコンテナにします。

STEP.2　place-items: center;で上下左右中央配置

place-items プロパティにcenterを指定すると、**親要素の中央に子要素が配置**されます。

CSS
```css
.layout {
  width: 400px;
  height: 400px;
  display: grid;
  place-items: center;
}
```

複数の子要素を入れる場合は、place-content: center;を一緒に指定すると、中央にすべての要素が配置されます。

Chapter 8
13 要素を浮かせて配置しよう

CSSのpositionプロパティを使うと、要素を浮かせて（重ねて）配置することができます。

1 position: absolute;の使い方

position: absolute;を使うと、**要素を浮かせて自由な位置に配置**できます。

HTML
```
<div class="parent">
  <div class="square"></div>
</div>
```

CSS
```
.parent {
  position: relative;
}
.square {
  position: absolute;
  top: 100px;
  left: 120px;
}
```

※ コードを一部省略しています

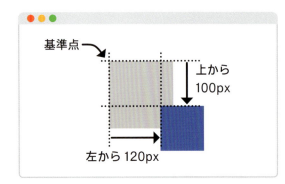

STEP.1 基準となる要素を指定する

> position: relative;
> 基準となる要素になる

親要素（または先祖要素）にposition: relative;を指定し、**基準となる要素を設定**します。この指定をした要素の**左上**が**基準点**になります。

※ 指定がないと`<html>`タグ（ページ左上）を基準とします。

STEP.2 要素を浮かせる

> position: absolute;
> 要素を浮かせて配置

position: absolute;を指定すると、要素は通常のフローから外れ、浮いた状態で配置されます。

STEP.3 位置を指定する

> top: 100px; left: 120px;
> 上から100pxの位置 / 左から120pxの位置

top / right / bottom / left プロパティで、**基準点からの距離**を指定できます。

2 z-indexで要素の「重なり順」を変更する

```
z-index: 1;
```
浮いた要素の重なり順を指定する

positon: absolute;で浮かせた要素に対して、z-indexプロパティで、**要素の重なりの順番を変更**できます。

● z-indexの指定がない場合

position: absolute; を指定した要素は、HTMLの記述順に**奥から手前に重なって表示**されます。

HTML
```
<div class="parent">
  <div class="square1">1</div>
  <div class="square2">2</div>
  <div class="square3">3</div>
</div>
```

CSS
```
.square1,
.square2,
.square3 {
  position: absolute;
}
.square1 {
  top: 20px; left: 20px;
}
.square2 {
  top: 40px; left: 40px;
}
.square3 {
  top: 60px; left: 60px;
}
```

※ コードを一部省略しています

● z-indexを指定した場合

position: absolute; で浮かせた要素に対して、z-indexで任意の数字を指定することで、**数字の小さい順に奥から手前に**重なって表示されます。

CSS
```
.square1 { z-index: 3;}
.square2 { z-index: 2;}
.square3 { z-index: 1;}
```

※ コードを一部省略しています

Chapter 8 14 ボタンをコーディングしてみよう

▼ 動画レッスン

これまでに紹介したCSSを組み合わせて、シンプルなボタンをコーディングしてみましょう。

1 ボタンのHTMLを記述しよう

ボタン要素を作成するには、主に **<a>タグ** か **<button>タグ** を使用します。ページ遷移のボタンは <a> タグ、フォームの内容を送信する場合、もしくはハンバーガーメニューのボタンなどは<button>タグを使用します。

```html
11  <a href="" class="button">
12      クリックしてね
13  </a>
```
Chapter8/button-sample/index.html

class名を付与

ボタン要素は複数箇所で配置するため、class名を付与してスタイリングします。

2 ボタンのCSSを記述しよう

```css
5   .button {
6       display: inline-block;
7       color: #fff;
8       background-color: #06f;
9       padding: 1em 2em;
10      border-radius: 8px;
11  }
```
Chapter8/button-sample/css/style.css

STEP.1 インラインブロック要素に変更

<a> <button> タグはインライン要素です。サイズを指定するために、インラインブロック要素に変更します。文字色と背景色も指定します。

STEP.2 余白と角丸をスタイリング

paddingで内側の余白、border-radiusで角を丸くスタイリングします。

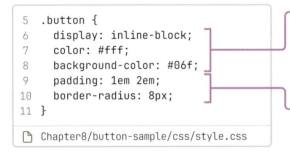

リセットCSSの指定によっては下線が表示されます。その際は、text-decoration: none;で下線をなくせます。

3 カーソルを合わせたときにスタイルを変化させよう

```css
12  .button:hover {
13    background-color: #03a;
14  }
```
Chapter8/button-sample/css/style.css

ホバーのスタイルを指定

.button の :hover に対して異なる背景色を指定し、ホバー時に背景色が変化するようにします。

4 ボタンにアイコンをつけよう

```html
11  <a href="" class="button">
12    <img src="img/icon.svg">
13    追加する
14  </a>
```
Chapter8/button-icon-sample/index.html

```css
5   .button {
6     display: inline-flex;
7     align-items: center;
8     gap: 0.5em;
…     … 省略 …
13    img {
14      width: 1em;
15      height: 1em;
16    }
17  }
```
Chapter8/button-icon-sample/css/style.css

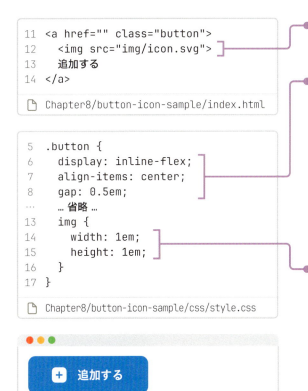

STEP.1　中に <img> タグを配置

<img> タグでアイコン画像を読み込みます。

STEP.2　インラインフレックス要素に変更

中のアイコンとテキストを横に並べるために、inline-flex 要素に変更します。これで、中の要素を横並びにすると同時に、中のコンテンツ量に応じて自動で大きさが変化します。

また、align-items: center ; の指定でアイコンとテキストを上下中央揃えにし、gap プロパティで要素同士の間隔も調整します。

STEP.3　アイコンのサイズを指定

アイコンのサイズを width と height プロパティで指定します。基本的にアイコン画像は正方形の画像を使用するようにしましょう。

※ アイコン自体が正方形でなくても、透明の背景を設けて、正方形の画像として書き出すのが一般的です。

column

要素を中央に揃えるいろいろな方法

CSSで要素を中央に揃える方法は複数あり、用途に応じて適切な方法を選ぶ必要があります。どの方法を使うかは、対象の要素の種類によって異なるため、それぞれの使い分けを理解しておきましょう。

中央揃えにする要素がインライン要素かブロックレベル要素かによって、指定する方法が異なります。

● インライン要素の中央揃え

テキストなどのインライン要素を中央に揃えるには、親要素にtext-align: center ; を指定すると、内部のテキストやインライン要素が中央に揃います。

CSS
```css
p {
    text-align: center;
}
```

● ブロックレベル要素の中央揃え

<div>タグなどのブロックレベル要素を中央に配置するには、まずその要素に横幅を設定し、その後左右のマージンにautoを指定します。

CSS
```css
div {
    width: 100px;
    margin: 0 auto;
}
```

● フレックスボックスで中央揃え

親要素に display: flex;を指定し、justify-contentとalign-itemsにcenterを指定して、子要素を中央に配置できます。

CSS
```css
.parents {
    display: flex;
    align-items: center;
    justify-content: center;
}
```

ブロックレベル要素を中央揃えにする手法として「左右にマージンautoの指定」は依然として広く使われていますが、実際には「フレックスボックスを使った手法」だけで中央揃えのレイアウトを十分に実現できます。

Chapter 9

実践編

カフェサイトを
コーディングしよう

いよいよコーディングの実践です。Chapter 5 で作成したデザインカンプをもとに、HTML と CSS でデザインを再現していきます。

一見難しそうなコードでも、少しずつ理解していけば意味がわかってくるはずです。小さなところから1つ1つ、着実に学習していきましょう。

Chapter 9
01 プロジェクトの準備をしよう

新しくWebサイトを構築するために、まずはプロジェクトフォルダを作成し、その中に必要なファイルを用意していきましょう。

1 プロジェクトフォルダを作成してVSCodeで開く

まずはパソコン上に「新規フォルダ」を作成し、「**design-coffee**」というフォルダを作成します。

VSCodeを開いて、メニューバーから、「ファイル」→「フォルダーを開く」→ **design-coffee** と進み、作成したプロジェクトフォルダを開きます。

デスクトップではなく、プロジェクトを管理するための**専用ディレクトリ**（フォルダ）を作成するのもアリです。

2 HTMLファイルを作成する

● index.htmlを作成

「新しいファイル…」アイコンをクリックし、新しいファイルを作成します。ファイル名に「index.html」と入力して Enter キーを押して確定します。

index.htmlファイルの中に、「**!**」→「**Enter**」の順にキーを押して、HTML宣言文を記述します。

`<body>` タグ内には、確認用にテキストを記述しておきます。今後はこの `<body>` タグ内に、サイトに表示するコードを記述していきます。

不明点があれば、Chapter6を見直してみましょう。

3 CSSファイルを作成する

STEP.1 cssフォルダを作成する

左サイドバーの「新しいフォルダー…」アイコンをクリックしてフォルダを作成し、フォルダ名は「css」にします。

STEP.2 style.cssを作成する

cssフォルダを選択した状態で「新しいファイル…」作成アイコンをクリックし、「style.css」ファイルを作成します。

style.cssには、**確認用にスタイルを記述**しておきます。

STEP.3 reset.cssを作成する

cssフォルダ内に、「reset.css」ファイルを作成して、中にはリセットCSSを記述します。まずは本書で用意したリセットcssを使ってみてください。

📁 chapter8/reset.css

4 HTMLファイルにCSSファイルを読み込む

index.htmlファイルの<head>タグ内で、<link>タグを使って2つのCSSファイルを読み込みます。上からreset.css、style.cssの順で読み込む点に注意しましょう。

```html
<head>
  <meta charset="UTF-8">
  <meta name="viewport" content="width=device-width,
  <title>Document</title>
  <link rel="stylesheet" href="css/reset.css">
  <link rel="stylesheet" href="css/style.css">
</head>
```

> **POINT** imgフォルダを用意しておこう
>
> Webサイトでは必ず画像が必要になるので、imgフォルダも作成しておきましょう。cssフォルダ作成の手順と同様に、「新しいフォルダー…」アイコンをクリックして、「img」フォルダを作成しておきます。後々このフォルダ内に、デザインカンプから書き出した画像ファイルを配置します。

5 フォントの読み込み

STEP.1 使用しているフォントを確認

まずは、デザインで**使用しているフォント**を確認します。Figma プラグイン「Font Fascia（フォントファシア）」で、使用フォントを一覧で確認できます。

STEP.2 HTMLファイルで読み込む

index.html ファイルの <head> タグ内で、使用するフォントを読み込みます。Google Fonts の詳しい使い方はP.191で解説しています。

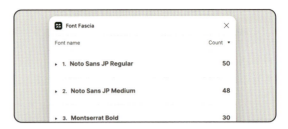

6 ブラウザで表示確認をする

index.html を**ブラウザのタブのエリアにドラッグ＆ドロップ**して開き、以下のポイントをチェックしましょう。

❶ <body> タグ内に記述したテキストが表示されているか（index.html が正しく読み込まれているか）。

❷ 画面の上や左に余白がないか（reset.css が正しく読み込まれているか）。

❸ 文字色が赤色になっているか（style.css が正しく読み込まれているか）。

これで基本のプロジェクトフォルダが完成です。ほとんどのプロジェクトは同じ構成から始まるため、**テンプレートとして保存しておくと便利**です。

VSCodeのオススメプラグイン

サイドバー「拡張機能」からプラグインを検索して開き、インストールをクリックすれば、プラグインが使えるようになります。

🔴 Live Server

リアルタイムで変更をプレビューできるプラグインです。HTMLやCSSの変更を保存すると、自動的にブラウザが更新され、即座に結果を確認できます。

🔴 Highlight Matching Tag

HTMLの開始タグと終了タグを強調表示するプラグインで、タグの対応関係を直感的に確認でき、タグの構造やネストを簡単に把握できます。

🔴 Auto Rename Tag

タグの名前を自動で変更するプラグインです。開始タグか終了タグのどちらかを変更すると、もう一方も自動的に更新され、タグの不一致を防げます。

🔴 Image preview

エディタ上で画像のプレビューを表示するプラグインです。たとえば<img>タグで画像を読み込むと、その行の左側に画像のサムネイルが表示され、さらにホバーするとプレビューも表示されます。

Chapter 9 02 デザインカンプの使い方

Figmaで作成したデザインカンプデータをもとに、HTMLとCSSでコーディング作業を行っていきましょう。

1 デザインカンプはどうやって使うの？

コーディングをする際には、デザインカンプを元に、サイズやカラーなどの**情報を取得**しつつコーディングを進めていきます。

また、画像やアイコンなどの素材は、Figmaから**画像ファイルとして書き出し**て使います。

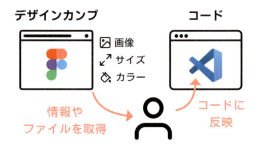

2 フォント情報を確認する

テキストレイヤーを選択し、プロパティパネル「**タイポグラフィー」項目**でテキストに関する情報を確認し、**フォントの種類、文字サイズ、行間など**をCSSに反映していきます。

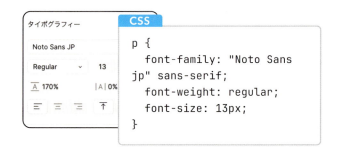

3 距離・余白サイズを確認する

オブジェクトを選択した状態で Mac: option / Win: Alt キーを押しながらカーソルを移動すると、カーソル先にあるオブジェクトとの間隔を確認できます。

サイズはプロパティパネル「レイアウト」項目で確認します。

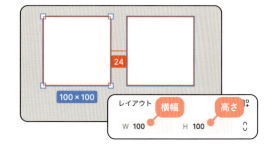

4　画像を書き出す

画像を選択した状態で、プロパティパネル最下部の**「エクスポート」項目**をクリックします。

倍率を2倍に設定し、「○○をエクスポート」をクリックします（svgファイルの場合は倍率設定は不要）。

書き出し場所にプロジェクトフォルダ内のimgフォルダを指定し、保存ボタンを押して書き出します。

● 角丸の画像について

角が丸い画像がある場合、**角をなくした四角形の画像**を書き出します。その後、**CSSで角を丸く**することで、角丸の大きさ変更が容易になります。枠線も同様です。

画像に角丸や線が適用されている場合は、**適用なしの状態にしてから**書き出しましょう。

5　プロパティ情報を取得する

● 編集権限の場合

編集権限を持つ場合（自分で作成したデザインファイルなど）は、普段通りプロパティパネルで情報を確認します。また、オブジェクトを右クリックして**「コピー/貼り付けオプション」**→**「コードとしてコピー」**→**「CSS」**でCSSコードを取得することができます。

このCSSだけではデザインを完全に再現できない点を理解した上で利用しましょう。

● 閲覧権限で共有

プロパティパネルに**コピーボタン**が表示されるので、テキストや数値を取得できます。また、画像の書き出しも可能です。

Chapter 9
03 CSSのネスト記述を活用しよう

CSSのネスト記述を使うことで、関連するスタイルを1箇所にまとめられるため、保守や更新がしやすくなります。積極的に利用してコードの可読性と効率を向上させましょう。

1 CSSネスティング（CSS nesting）とは？

CSSのネスト記述が使えるようになり、以前よりも効率的にCSSを記述できるようになりました。このネスティング機能は従来のCSSと基本的な記法は変わらないため、簡単に使い始めることができます。

今までのCSSの書き方

従来のCSSの書き方では、各セレクタで**親要素を繰り返して指定**する必要がありました。これにより、コードの重複が発生し、大規模なプロジェクトではCSSファイルが複雑になってしまっていました。

HTML
```
<header>
  <a href="" class="logo">
    <img src="">
  </a>
</div>
```

CSS
```
header {
  /* ヘッダーのスタイル*/
}
header .logo {
  /* ロゴ要素のスタイル*/
}
header .logo img {
  /* ロゴ画像のスタイル*/
}
```

同じ指定を
何回も書く必要があった

CSSネスティングを使ったCSSの書き方

CSSのネスト記述を使用すると、この問題を効果的に解決できます。

親要素の波括弧内で子要素のスタイルを定義できるため、コードの可読性が向上し、管理が容易になります。もちろん、適用されるスタイルは従来のものとまったく変わりません。

※古いバージョンのブラウザに対応するためには、CSSネスティングを使用せず、従来のCSSの書き方でスタイル指定を行ってください。

CSS
```
header {
  /* ヘッダーのスタイル*/
  .logo {
    /* ロゴ要素のスタイル*/
    img {
      /* ロゴ画像のスタイル*/
    }
  }
}
```

234　Chapter 9　カフェサイトをコーディングしよう

2 CSSネスティングにおける「&」の使い方

● 親セレクタの参照

従来のCSS
```
.button {
  color: black;
}
.button:hover {
  color: blue;
}
```

CSSネスティング
```
.button {
  color: black;
  &:hover {
    color: blue;
  }
}
```

「&」は**親セレクタを参照**するために使用されます。これは、セレクタの特定の状態や派生を指定する際に特に便利です。

この例では、**&**は**.button**を指すので、.button:hoverと同等の指定になります。

● 複数のクラスを持つ要素

従来のCSS
```
.menu-item {
  color: black;
}
.menu-item.active {
  color: red;
}
```

CSSネスティング
```
.menu-item {
  color: black;
  &.active {
    color: red;
  }
}
```

複数のクラスを持つ要素をスタイリングする場合にも、**&**を使って指定ができます。

つまり、このセレクタは**.menu-item.active**と同等の指定になります。

& を使うことで、より直感的で読みやすいコードになります。

> **POINT** Sass(サス)を使ってみよう！
>
> CSSネスティングが普及する前から、**Sass(サス)**を使ってネストされたCSSを書くことができました。
> Sassはネスト以外にも、**変数、関数、ミックスイン**といった効率的なスタイルパターンの作成に役立つ機能が利用でき、CSSの管理と実装の効率がより向上します。
>
>
>
>
> Sassの基本的な書き方は**CSSの書き方とほとんど変わらない**ので、気になる方は早めに導入を考えてみましょう。

Chapter 9 04 「ヘッダー」をコーディングしよう

▼動画レッスン

Figmaで作成したデザインカンプの「ヘッダー」のデザインを確認しながらコーディングを行います。始めにHTMLコード、次にCSSコードの順番でコーディングしていきましょう。

1 ヘッダーのHTML

```
28  <header>
29    <h1>
30      <a href="index.html" class="logo">
31        <img src="img/logo.svg">
32      </a>
33    </h1>
34    <nav>
35      <ul>
36        <li><a href="index.html#about">
           当店について</a></li>
37        <li><a href="index.html#menu">
           メニュー</a></li>
…       … 省略 …
40      </ul>
41    </nav>
42  </header>
```

📄 chapter9/design-coffee/index.html

当店について

ヘッダーは **<header> タグ**を使用します。

STEP.1　ロゴのHTML

<img>タグで画像のパスを指定します。このロゴ画像はクリックするとトップページに遷移させるのが一般的なので、**<a> タグで囲み**、href属性にはindex.htmlを指定し、CSSで指定するためのclass名を付与します。

ロゴはページ上で最も優先度の高い見出しとするため、さらに **<h1> タグで囲み**ます。

STEP.2　ナビゲーションのHTML

ナビゲーションは<nav>タグを使用します。<ul><li>タグで、リストであることを示し、<a>タグで**ページ内リンク**を指定します。

この時点ではCSSが適用されていないため、レイアウトが崩れた状態になっています。

ヒント ページ内リンクって？

ページ内リンクを使用すると、Webページ内の特定の位置にリンクを指定することができます。リンク先の要素にid属性を指定し、<a>タグのhref属性でそのidを指定します。

`<div id="abc">リンク先の要素</div>`

`<a href="#abc">ページ内リンクボタン</a>`

2 ヘッダーのCSS

```css
11  header {
12    padding: 10px 40px;
13    display: flex;
14    align-items: center;
15    justify-content: space-between;
16    .logo {
17      display: block;
18      img {
19        display: block;
20        height: 60px;
21      }
22    }
23    nav {
24      ul {
25        display: flex;
26        align-items: center;
27        gap: 50px;
28      }
29      a {
30        font-size: 14px;
31        font-weight: 400;
32        &:hover {
33          color: blue;
34          text-decoration: underline;
35        }
36      }
37    }
38  }
```

📄 chapter9/design-coffee/css/style.css

STEP.1 ヘッダーのCSS

まず、paddingで上下の余白を指定します。

中のロゴとナビゲーションを横並びにするために、display: flex;を指定し、上下中央揃えのためにalign-items: center;を指定します。

ロゴとナビゲーションは**ヘッダーの両端に配置**したいので、justify-content: space-between;を指定します。

STEP.2 ロゴのCSS

ロゴ画像を囲む<a>タグに付与した.logoというclass名に対して、スタイルを指定します。

<a>タグと<img>タグはインライン要素なので、サイズを柔軟に指定するためにdisplay: block;を指定してブロック要素に変更します。

画像の高さには height: 60px;を指定します。**横幅は高さに応じて自動で変化**します。

STEP.3 ナビゲーションのCSS

<li>タグを横並びにするために、display: flex;を指定し、上下中央揃えのために、align-items: center;を指定します。

<li>タグ同士の間には間隔を設けたいので、gap: 50px;を指定します。

自分で書いてみてうまくいかなかったら、完成ファイルを確認してみましょう。
📁 chapter9/design-coffee

STEP.4 ナビゲーションの中の<a>タグ

ナビゲーション内の<a>タグにフォントスタイルを指定し、アクティブな要素であることを明示するために、:hover擬似クラスに指定を加えます。

Chapter 9 05 「ヒーローセクション」を コーディングしよう

次に、ヘッダーの真下にある、ヒーローセクションのコーディングです。

1 ヒーローセクションのHTML

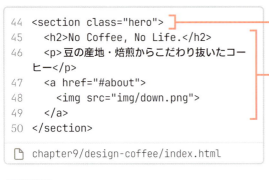

```
44  <section class="hero">
45    <h2>No Coffee, No Life.</h2>
46    <p>豆の産地・焙煎からこだわり抜いたコー
      ヒー</p>
47    <a href="#about">
48      <img src="img/down.png">
49    </a>
50  </section>
```

chapter9/design-coffee/index.html

STEP.1 セクションのHTML

ヒーローセクションの枠組みとして、<section>タグ（区切られた内容のまとまり）を用意します。他のセクションと区別するために、「.hero」というクラスを付与します。

STEP.2 コンテンツ

見出しの<h2>タグ、文章の<p>タグ、下にスクロールさせるボタンの<a>タグを配置します。

STEP.3 ページ内リンク

<a>タグのhref属性の値には移動させたい場所のidを指定します。#aboutと指定した場合、id="about"を持つタグの場所へページ内遷移します。遷移先は「当店について（P.224）」で作成します。

2 ヒーローセクションのCSS

```css
40  .hero {
41    color: #fff;
42    text-align: center;
43    height: 640px;
44    background-image: url(../img/hero-background.jpg);
45    background-size: cover;
46    display: flex;
47    flex-direction: column;
48    align-items: center;
49    justify-content: center;
50    position: relative;
51    h2 {
52      font-size: 48px;
53      font-weight: 700;
54    }
55    p {
56      font-size: 20px;
57      font-weight: 400;
58      margin-top: 20px;
59    }
60    a {
61      display: grid;
62      place-items: center;
64      width: 60px; height: 60px;
65      background-color: #6A9631;
66      border-radius: 50%;
67      box-shadow: 0px 12px 20px rgb(0 0 0 / 0.1);
68      position: absolute;
69      left: 50%;
70      bottom: 0;
71      translate: -50% 50%;
72      img {
74        width: 24px;height: 24px;
75      }
76    }
77  }
```

chapter9/design-coffee/css/style.css

STEP.1 文字色を白にする

ヒーローセクション内のテキストはすべて白いので.heroに対してcolor: #fff;を指定します。

STEP.2 セクションの高さと背景画像

高さを640pxに指定します。background-imageで背景画像を指定し、background-size: cover;の指定で**セクション全体に画像を表示**します。

STEP.3 中身の要素を並べる

2つのテキストを縦に並べ、中央に配置するために、display: flex;とflex-direction: column;で**縦並び**に、align-itemsとjustify-contentにcenterを指定して**上下左右中央揃え**にします。

STEP.4 2つのテキスト

見出し<h2>と文章<p>にフォントサイズや太さを指定し、テキスト同士の間隔を設けるため、<p>にmargin-top: 20px;を指定します。

STEP.5 丸いボタンをつくる

<a>タグにdisplay: grid;を適用し、横幅、高さ、背景色で正方形を作り、**border-radius: 50%;で円形**にします。place-items: center;を指定し、中の画像を**上下左右中央**に配置します。

STEP.6 丸いボタンを浮かせて配置

.heroにposition: relative;を指定して**基準点**とします。ボタンにposition: absolute;を指定し、**left: 50%;とbottom: 0;で中央下部に配置**します。

translate: -50% 50%;の指定で、ボタンサイズの50%(30px)をX軸とY軸方向に移動します。

left: 50%;とtranslate: -50%;を指定するとキレイに左右中央に配置されます!

Chapter 9
06

共通要素をつくろう

同じWebページ内で複数存在する要素は、同じコードで実装することで再利用しやすいように設計します。共通のクラスを付与して、共通要素として管理しましょう。

Webページには、同じ要素または類似した要素が複数存在する場合があります。これらの要素には共通のclass名を付与した上で、スタイルを適用するのがオススメです。

1 コンテナ（.container）とは？

1つのWebページに複数のセクションが存在する場合、各セクションの**コンテンツ幅がバラバラ**だと**統一感のない印象**になってしまいます。

そこで、共通幅の「コンテナ（.container）」を設けることで、Webサイト全体で一貫したレイアウトをつくることができます。

.containerは、ページレイアウトに欠かせない共通要素です。

HTML
```
<div class="container">
  コンテンツ
</div>
```

CSS
```
.container {
  max-width: 1160px;
  margin: 0 auto;
  padding: 0 40px;
}
```

※ コンテナの最大幅を1160pxに設定し、左右に40pxずつの余白（padding）を追加することで、内部のコンテンツの幅が実質的に1080px（1160px - 80px）になるようにしています。

● コンテナのHTMLとCSS

STEP.1 コンテナのHTML

class名「**.container**」を付与した<div>タグを用意します。

STEP.2 コンテナのCSS

max-widthでコンテナの幅を指定します。**通常時にはmax-widthに指定した幅**まで広がり、画面幅がそれよりも小さくなると、**画面幅に合わせて横幅が変化**します。

marginの**左右**に**auto**を指定し、左右中央配置に。画面が小さくなったときに画面の左右に余白ができるように**左右**に**padding**を指定します。

2 共通の「セクション」をつくる

<main>タグの中にある複数のセクションは、**共通の余白サイズ**や**共通のコンテナ幅**、**共通の見出し**を持っています。これらの共通のスタイルを効率的に適用するために、共通のclassを作成します。

<main>タグは、ページのメインコンテンツを配置するタグです。

● 共通セクションのHTML

```html
<main>
  <!-- 共通セクション1 -->
  <section class="main-section">
    <div class="container">
      <div class="heading-group">
        <h2>
          About Us
          <span>当店について</span>
        </h2>
      </div>
    </div>
  </section>
  <!-- 共通セクション2 -->
  <section class="main-section">
    <div class="container">
      <div class="heading-group">
        <h2>
          Menu
          <span>メニュー</span>
        </h2>
      </div>
    </div>
  </section>
  …省略…
</main>
```

STEP.1 共通のclass名を付与

共通のスタイルを適用するために、まずは**枠組みを作成**します。<section>タグに「.main-section」というclass名をつけて、スタイルを適用します。

※class名は任意なので自由に決めて構いません。

STEP.2 直下に「.container」を配置する

sectionには**共通のコンテナ幅**を設ける必要があるため、「.container」クラスを付与した<div>タグを配置します。

STEP.3 「見出し」を配置する

各セクションには共通の見出しがあるため、<h2>タグで**英語のテキスト**、<span>タグで**日本語のテキスト**を表示します。

※ headerのロゴに<h1>タグを使用しているため、各セクションの見出しは<h2>タグを使用します。

中のテキストを変更するだけで、複数のセクションでこのコードを使い回せます！

共通セクションのCSS

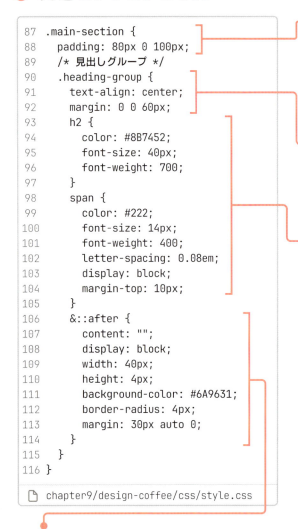

STEP.1 セクションのCSS

共通のセクション「.main-section」の上下に**padding**（内側の余白）を設定します。

※ margin（外側の余白）で指定すると、背景色が設定されている場合、余白部分には色が適用されません。

STEP.2 見出しグループのCSS

中の**テキストはすべて中央揃え**のため、text-align：center;を指定します。見出しの下部には共通の余白としてmargin: 0 0 60px;を指定します。

STEP.3 見出しのCSS

<h2>タグと<span>タグにはそれぞれフォントサイズや色の指定をします。

<span>タグはインライン要素のため、デフォルトでは<h2>と横並びになります。**<h2>の下に配置する**ために、display: block;で**ブロック要素に変更**し、margin-top: 10px;で間隔を設けます。

間隔を空ける際には下の要素に上マージンをあてるのがオススメです。

STEP.4 装飾のスタイル

装飾のために<div>タグや<span>タグを使うとコードが増え、管理が煩雑になりますが、擬似要素なら**HTMLを変更せずに装飾を追加**できます。

2つのテキストの後ろ（下）に装飾を配置するために**「.heading-group」の擬似要素::after**にスタイルを指定します。

display: block;で**ブロック要素**にし、横幅、高さ、背景色を設定。border-radiusで丸みを加えます。上の間隔を30pxに設定し、左右中央に配置するために**左右のmarginにautoを指定**します。

複数アイテムの間隔が均等であれば、親要素にFlexboxやGridLayoutを適用して、gapプロパティを使うのもありです！

column

CSS変数を使ってみよう！

● CSS変数（カスタムプロパティ）とは？

CSS変数（カスタムプロパティ）とは、CSSで使用する値を変数として定義し、**再利用できる**機能です。CSS変数を使うことで、スタイルの管理がより効率的になります。

● CSS変数の使い方

STEP.1 変数を定義する

セレクタ「:root」に対してCSS変数を定義します。変数名は必ずハイフン2つから始める名前にする必要があります。

```css
:root {
  --main-color: #8B7452;
}
```

STEP.2 変数を呼び出す

定義した変数は、var( ) 関数を使って呼び出し、CSSの値として適用します。

```css
p {
  color: var(--main-color);
}
```

● 定義にオススメなもの

サイトで使用するカラーはCSS変数で定義するのに最適です。他にも、フォントサイズや余白サイズをCSS変数で管理することで、サイト内で一貫性を保ち、スタイルの変更や調整が簡単になります。

```css
:root {
  /* カラー */
  --main-color: #8B7452;
  --accent-color: #6A9631;
  --base-color: #F3F1EE;
  /* フォントサイズ */
  --font-size-s: 13px;
  --font-size-m: 16px;
  --font-size-l: 20px;
  /* 余白サイズ */
  --spacing-s: 16px;
  --spacing-m: 24px;
  --spacing-l: 40px;
```

デザインに変更があっても、**変数を修正するだけ**で、すべての指定箇所に**一括で変更が反映**できます。

Chapter 9 07 「当店について」をコーディングしよう

このセクションは、画像とテキスト類が左右のエリアに分かれています。まずはレイアウトを組んで、その中に必要な要素を配置していきましょう。

1 「当店について」のHTML

```html
54  <section class="main-section about" id="about">
55      <div class="container">
56          <div class="heading-group">
57              <h2>
58                  About Us
59                  <span>当店について</span>
60              </h2>
61          </div>
62          <div class="layout">
63              <div class="image">
64                  <img src="img/about-photo.jpg" alt="当店の写真">
65              </div>
66              <div class="text">
67                  <img src="img/logo.svg" alt="DESIGN COFFEEのロゴ">
68                  <h3>豆にこだわった本格カフェ</h3>
69                  <p>スペシャルティコーヒー…</p>
70                  <p>豆の産地・焙煎から…</p>
71                  <p>こだわりの一杯をご提供…</p>
72              </div>
73          </div>
74      </div>
75  </section>
```

chapter9/design-coffee/index.html

STEP.1 固有のclass名を設定

共通要素のセクション（P.241）で作成したコードを**複製して使います**。

加えて、他のセクションと区別するためにセクションにclass名「.about」を追加します。

また、ページ内リンク用に、id属性「#about」を付与します。

STEP.2 画像とテキストエリア

左のエリアは**class名「.image」**を付与して、中に<img>タグを配置します。

右のエリアは**class名「.text」**を付与し、中にロゴ画像の<img>タグ、中見出しの<h3>タグ、文章の<p>タグを配置します。

STEP.3 2カラムのレイアウト

レイアウトを組むために、「.image」と「.text」を囲むタグが必要なため、class名「.layout」を付与した**divタグで2つのタグを囲みます**。

2 「当店について」のCSS

```css
119  .about {
120    .layout {
121      display: grid;
122      grid-template-columns: 1fr 1fr;
123      align-items: start;
124      gap: 60px;
125    }
126    .image {
127      border-radius: 40px;
128      overflow: hidden;
129      img {
130        width: 100%;
131        aspect-ratio: 5 / 4;
132        object-fit: cover;
133      }
134    }
135    .text {
136      img {
137        height: 60px;
138      }
139      h3 {
140        font-size: 28px;
141        font-weight: 700;
142        margin-top: 20px;
143      }
144      p {
145        margin-top: 20px;
146      }
147    }
148  }
```

chapter9/design-coffee/css/style.css

STEP.1 class名 .about

一般的なclass名（例：.imageや.text）にスタイルを直接当ててしまうと、**スタイルが競合する恐れ**があります。

しかし、固有のclass名「.about」を付与することで、この中に書いたスタイルは**他のセクションや要素には影響しません。**

ネストして書くと、子孫セレクタ（P.206）の指定になります。

STEP.2 レイアウトを組む

.layoutで2カラムのレイアウトをつくります。

`display: grid;`でグリッドコンテナにし、`grid-template-columns: 1fr 1fr;`で、**2つの均等幅のカラム**（列）を作成します。

2つのカラムには間隔を入れたいので、gapプロパティで間隔を空けます。

align-itemsプロパティにstartを指定して、画像とテキストのエリアを上揃えにします。

STEP.3 画像サイズを指定

.image内の`<img>`タグに、aspect-ratioで**5:4の画像比率**を指定します。**画像が歪むのを避ける**ため、object-fit: cover;も一緒に指定します。

また、overflow: hidden;の指定で、子要素が親要素から飛び出たときに、切り取って表示します。

STEP.4 要素同士の間隔を調整

共通の間隔にはgapプロパティを使用できますが、それ以外の余白は**margin**で調整します。要素が縦に並んでいる場合は、**下側の要素にmargin-top:20px;を指定**しましょう。

Chapter 9
08 「メニュー」をコーディングしよう

まずはカード型のリスト項目を作成して、それをGridLayoutを使ってリスト状に並べていきましょう。

1 セクションに背景色を指定する

```
77  <section class="main-section
      menu" id="menu">
      ...
```
chapter9/design-coffee/index.html

```
150  .menu {
151      background-color: #F3F1EE;
152  }
```
chapter9/design-coffee/css/style.css

STEP.1 セクションのHTML

他のセクションと区別するために「.menu」というクラスを付与し、ページ内リンク用にid属性「#menu」を付与します。

STEP.2 セクションのCSS

このセクションには背景色があるので、CSSで「.menu」に対して背景色を指定します。

ステップアップ 共通のクラスを設けて背景色を適用する

```
.bg-gray {
  background-color: #F3F1EE;
}
```

個別に背景色を指定する代わりに、新たにクラスを作成し、タグにクラスを追加することで背景色を適用することも可能です。

どっちが正しいということはないので、いろいろと試しながら最適な方法を見つけてみましょう。

2 リストの項目（中の要素）をつくる

● リスト項目のHTML

```
84  <li>
85    <div class="menu-card">
86      <img src="img/menu-1.jpg" alt="エスプレッソ">
87      <p class="name">エスプレッソ</p>
88      <p class="price">¥300</p>
89    </div>
90  </li>
```

chapter9/design-coffee/index.html

STEP.1 リスト要素の項目は<li>タグ

リスト要素は<ul>タグと<li>タグで作成するため、中の各項目を<li>タグで囲み、その中にカードの要素を配置していきます。

STEP.2 中身のタグを配置

要素に合わせて各種タグを配置します。商品名と価格は<p>タグで配置し、スタイルを分けるために、それぞれ異なるクラスを付与しています。

● リスト項目のCSS

```
158  .menu-card {
159    padding: 10px;
160    background-color: #fff;
161    border-radius: 20px;
162    display: grid;
163    gap: 5px;
164    img {
165      width: 100%;
166      aspect-ratio: 4 / 3;
167      object-fit: cover;
168      border-radius: 12px;
169    }
170    .name {
171      font-size: 14px;
172    }
173    .price {
174      font-size: 14px;
175      font-weight: 700;
176      line-height: 1;
177      letter-spacing: 0;
178      text-align: right;
179    }
180  }
```

chapter9/design-coffee/css/style.css

STEP.1 余白と背景色

paddingでカードの内側に余白を設け、背景に白の指定と、border-radiusで角を丸くします。

STEP.2 カード内のレイアウト

カード内の要素の上下に間隔があるため、GridLayoutとgapを使って間隔を空けます。

STEP.3 画像サイズ

aspect-ratioで画像の比率を指定し、画像の歪み防止のためにobject-fitプロパティでcoverを指定します。

STEP.4 2つの<p>タグ

説明文と料金はどちらも<p>タグですが、異なるスタイルを適用するために、それぞれ別のclass名を付与してスタイルを分けて指定します。

3 メニューリストのHTML

```
83  <ul class="menu-list">
…       …ここに複数のliタグを並べる…
140 </ul>
```
chapter9/design-coffee/index.html

```
153 .menu-list {
154   display: grid;
155   grid-template-columns:
        1fr 1fr 1fr 1fr;
156   gap: 20px;
157 }
```
chapter9/design-coffee/css/style.css

● メニューリストのHTML

「.menu-list」クラスを付与した<ul>タグで、事前に作成した<li>タグを囲みます。<li>タグは必要な数複製し、中の画像やテキストを変更します。

● メニューリストのCSS

STEP.1 リスト項目を並べる

リスト項目を並べるために、GridLayoutの指定と、grid-template-columnsプロパティで4つの1frを指定し、4つの列をつくります。

STEP.2 リスト項目同士の間隔を指定

gapプロパティででカード同士に間隔を設けます。スペース区切りで指定することで、上下の間隔、左右の間隔に別の数値を指定できます。

ステップアップ　効率的にコードを書いてみよう

```
.menu-list {
  grid-template-columns:
    repeat(4, 1fr);
}
```

grid-template-columnsプロパティで、1fr 1fr 1fr 1frと記述するのは少し手間がかかります。これを簡潔に書くために、repeat関数を使うことができます。

repeat関数は、repeat( )の形式で使用し、最初にリピートする回数を指定、次にカンマで区切ってリピートする値を指定します。したがって、1fr 1fr 1fr 1fr という指定は、repeat(4, 1fr) と書き換えることができます。

> CSSでは、この例のように同じ挙動を実現するために複数の書き方が存在する場合があります。最初はわかりやすい方法で構いませんが、できるだけ効率的な指定を心がけることが大切です。

Chapter 9

09 「店舗情報」をコーディングしよう

左側に店舗情報のリスト情報を、右側にGoogleMapの地図を埋め込みましょう。また、お問い合わせセクションについてもここで解説しています。

1 店舗情報のHTMLとCSS

基本的な2カラムレイアウトの組み方は、「当店について（P.244）」と同様です。

```
144  <section class="main-section shop"
        id="shop">
145    <div class="container">
146      <div class="layout">
147        <div class="text">
…            …h2見出しが入る…
152          <h3>
153            DESIGN COFFEE
154            <span>デザイン・・・</span>
155          </h3>
…            …ここに定義リストが入る…
166        </div>
…          …ここに地図が入る…
170      </div>
171    </div>
172  </section>
```
📄 chapter9/design-coffee/index.html

```
182  .shop {
183    .layout {
184      display: grid;
185      grid-template-columns: 1fr 1fr;
186      align-items: start;
187      gap: 60px;
188    }
189    .text {
190      h3 {
191        text-align: center;
192        font-size: 20px;
193        font-weight: 700;
194        margin: 0 0 20px;
195        display: flex;
196        align-items: baseline;
197        gap: 1em;
198        span {
199          font-size: 0.6em;
200        }
201      }
…      …省略…
```
📄 chapter9/design-coffee/css/style.css

2カラムのレイアウトを組んで、見出しグループを配置しよう！

9-09 「店舗情報」をコーディングしよう 249

● 定義リスト

データの項目とその内容をペアで示したい場合には、**<dl>タグ**が適しています。

```
156  <dl>
157    <dt>住所</dt>
158    <dd>〒123-0001 東京都渋谷区…</dd>
159    <dt>営業時間</dt>
160    <dd>8:00-20:00</dd>
 …      …省略…
165  </dl>
```
📄 chapter9/design-coffee/index.html

STEP.1 `<dl><dt><dd>`タグ

`<dl>`タグの中に、`<dt>`タグと`<dd>`タグを交互に並べていきます。`<dt>`タグの中には項目名を、`<dd>`タグの中には内容を入力します。

```
202  dl {
203    display: grid;
204    grid-template-columns: 100px 1fr;
205    dt, dd {
206      font-size: 14px;
207      padding: 10px;
208      border-top: 1px solid #ccc;
209    }
210  }
```
📄 chapter9/design-coffee/css/style.css

STEP.2 グリッドコンテナで並べる

`<dl>`タグに display: grid; を指定してグリッドコンテナにし、grid-template-columns で項目名を100px、内容を1frの幅に設定します。

STEP.3 中身に共通のスタイルを適用

`<dl>`タグと`<dd>`タグは**共通のスタイル**を当てるために**カンマ区切りでセレクタの指定**をし、余白やボーダーのスタイルを指定します。

※これらのCSSは .text クラス内にネストして記述します。

2 Google Mapを埋め込む

● Google Mapでコードを取得

STEP.1 Google Mapにアクセス

Google Map（https://www.google.co.jp/maps/）にアクセスして、表示したい地図の**住所を入力**します。

STEP.2 HTMLコードを取得

左上のハンバーガーメニュー >「地図を共有または埋め込む」>「地図を埋め込む」タブ >「HTMLをコピー」でコードを取得します。

● 取得したコードを埋め込み、スタイルを調整

```
167  <div class="map">
168    <iframe src="https://www.google…
       "></iframe>
169  </div>
```
chapter9/design-coffee/index.html

STEP. 1 マップを配置するエリア

class名「.map」を付与したdivタグを右に配置するエリアを作成します。中には取得した<iframe>タグを設置します。

※ コードが長いため、一部省略しています。

```
212  .map {
213    border-radius: 40px;
214    overflow: hidden;
215    iframe {
216      width: 100%;
217      height: auto;
218      aspect-ratio: 5 / 4;
219    }
220  }
```
chapter9/design-coffee/css/style.css

STEP. 2 CSSコード

iframeにはaspect-ratioプロパティを指定して、サイズを整えます。親のdivタグにはborder-radiusを指定して、エリアを角丸にします。

また、**overflow: hidden;** を指定すると、子要素が親要素の範囲を超えたときに、その部分が切り取られて表示されます。

※ .mapは.shopクラス内にネストして記述します。

ステップアップ　　Emmet（エメット）を活用しよう！

Emmetとは、HTMLやCSSのコードを短縮して記述できる機能です。特定の**省略記法**（例：ul>li*3）に続けて Tab キーを押すことで、タグやプロパティがすばやく挿入されます。

HTMLのEmmet省略記法	
.name	<div class="name"></div>
a	<a href=""></a>
h2{テキスト}	<h2>テキスト</h2>
div+p	<div></div><p></p>
ul>li*2	<ul><li></li><li></li></ul>
link:css	<link rel="stylesheet"href="style.css">

CSSのEmmet省略記法	
m10	margin: 10px;
mt10	margin-top: 10px;
w100	width: 100px;
w100p	width: 100%;
df	display: flex;
aic	align-items: center;
jcc	justify-content: center;

Emmetを活用して、コーディングスピードを向上させ、繰り返し作業を効率化しましょう！

3 お問い合わせセクションをコーディングしよう

STEP.1　2カラムのレイアウトを組む

左は「電話でのお問い合わせ」、右は「フォームでお問い合わせ」のエリアに分かれているので、GridLayoutを使って、2カラム（列）を作ります。

```html
174 <section class="main-section contact"
      id="contact">
175   <div class="container">
…       …見出しグループが入る…
180     <p>ご不明点等あれば、お気軽に…</p>
181     <div class="layout">
182       <div class="tel">
183         <p class="label">お電話でお問いわせ</p>
…         …電話番号が入る…
188         <p class="hour">受付時間：8:00~・・・</p>
189       </div>
190       <div class="form">
191         <p class="label">フォームでお問いわせ</p>
192         …ボタンが入る…
193       </div>
194     </div>
195   </div>
196 </section>
```
index.html

```css
223 .contact {
224   text-align: center;
225   background-color: #F3F1EE;
226   .layout {
227     display: grid;
228     grid-template-columns:
            1fr 1fr;
229     gap: 40px;
230     margin-top: 60px;
231     margin-inline: auto;
232     max-width: 700px;
233   }
234   .label {
235     margin-bottom: 20px;
236   }
…     …省略…
258 }
```
index.html

STEP.2　すべての要素を中央揃えにする

お問い合わせセクションの要素は、基本的にテキスト（インライン要素）かつ中央揃えで配置されています。そのため、セクションに対してtext-align: center;を指定することで、中の要素すべてに対して中央揃えの指定をすることができます。

STEP.3 電話番号の表示を作る

`<a>`タグのhref属性で、「tel:0312345678」の形式で電話番号を指定することで、スマホなどのデバイスで電話番号をタップして直接電話をかけることができるようになります。

```
184  <a href="tel:0312345678" class="number">
185    <img src="img/icon-tel.svg" alt="電話アイ
       コン">
186    03-1234-5678
187  </a>
```
chapter9/design-coffee/index.html

```
237  .number {
237    font-size: 30px;
239    font-weight: 700;
240    line-height: 1;
241    letter-spacing: 0;
242    img {
243      width: 1em;
244    }
245  }
```
chapter9/design-coffee/css/style.css

※.numberは.contactの中にネストして記述します。

国際電話に対応させる場合は、tel:+81312345678の形式にしましょう。

STEP.4 ボタンを作る

お問い合わせページに遷移させるボタンを作成します。href属性に、遷移させるページ「contact.html」を指定しましょう（contact.htmlはこの後で作成します）。

```
192  <a href="contact.html" class="button">
     お問い合わせフォームへ</a>
```
chapter9/design-coffee/index.html

```
251  .button {
252    display: inline-block;
253    color: #fff;
254    background-color: #6A9631;
255    padding: 1em 2em;
256    border-radius: 8px;
257  }
```
chapter9/design-coffee/css/style.css

※.buttonは.contactの中にネストして記述します。

ボタンは、P.224のボタンとまったく同じ作り方です！

STEP.5 レイアウトを調整する

そのままの指定では、2つのエリアが左右に広がり過ぎてしまうので、max-widthプロパティを使って、最大幅を指定し、margin-inline（左右のmargin）にautoを指定して中央に揃えます。

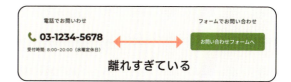
離れすぎている

※既にmargin-top: 60px;の指定がある状態でmargin: 0 auto;を指定すると、margin-topが上書きされます。そのため、左右のマージンをmargin-inlineで指定しています。両方の指定を組み合わせてmargin: 60px auto 0;とすることも可能です。

📝 MEMO

margin-inlineは、テキストの方向に基づいて左右のマージンを一括で指定できるプロパティです。テキストは基本的に左から右に書かれるため、margin-inlineを使うとmargin-leftとmargin-rightの値を同時に設定できます。

Chapter 9 — 10 「フッター」をコーディングしよう

フッターはヘッダーと似た構成を持っているため、ヘッダーで使用したコードを一部コピーして流用するのもオススメです。

1 フッターのHTMLを書く

フッターは必ず **<footer>タグ** を使用します。基本的な要素や組み方は、ヘッダーとほとんど同じです。

```
199  <footer>
200    <a href="index.html" class="logo">
201      <img src="img/logo-white.svg" alt="DESIGN COFFEEのロゴ">
202    </a>
203    <nav>
204      <ul>
205        <li>
206          <a href="index.html#about">当店について</a>
207        </li>
208        <li>
209          <a href="index.html#menu">メニュー</a>
210        </li>
...         …省略…
217      </ul>
218    </nav>
219    <p class="copyright">&copy; 2025 DESIGN COFFEE</p>
220  </footer>
```

chapter9/design-coffee/index.html

❶ ロゴ画像

白いロゴを<img>タグで配置します。

❷ ナビゲーション

ナビゲーションの構造はヘッダーとまったく同じ構造です。ヘッダーのナビゲーションをそのままコピペして使ってもOKです。

❸ コピーライト

フッターには、通常「著作権情報（コピーライト）」を配置するのが一般的です。<p>タグを使ってナビゲーションの下に配置しましょう。詳しくは次のページで解説します。

自分でCSSを書いてみて、サンプルファイルと比較してみましょう！

● 中央揃えのレイアウト

フッター内の要素をすべて中央に縦方向で並べる方法について、**Flexbox** と **GridLayout** を使用した例を考えてみましょう。

```
footer {
  display: flex;
  flex-direction: column;
  align-items: center;
}
```

・Flexboxでレイアウトを組む

footerに display: flex; を指定し、Flexboxを有効にします。flex-direction: column; を指定し、中の要素を縦並びに変更。align-items: center; を指定して左右中央に揃えます。

```
footer {
  display: grid;
  justify-items: center;
}
```

・GridLayoutでレイアウトを組む

footerに display: grid; を指定し、GridLayoutを有効にします。justify-items: center; を指定して、中の要素を中央に揃えます。

どちらの方法でも、フッター内の要素を縦方向に配置し、中央に揃えることができます。

2 著作権表示（コピーライト）をフッターに配置しよう

● コピーライトとは？

Webサイトの著作権表示は、コンテンツ（テキスト、画像、動画、デザイン、コードなど）の法的権利を保護し、**無断使用や複製を防ぐ**ためのものです。

```
© 2025 DESIGN COFFEE
```
- 著作権を発行した年
- コピーライトマーク
- 著作権者名

● フッターの最下部に配置する

```
&copy; 2025 DESIGN COFFEE
```
コピーライトを表示する

Webサイトのフッター部分に著作権表示（コピーライト）を含めるのが一般的です。「**©**」と記入することで、コピーライトマークを表示することができます。

Chapter 9 - 11 新しいページを追加しよう

Webサイトに新しいページを追加してみましょう。新たにページを作成し、ページ同士をリンクでつなぐことでユーザーは自由にページ間を移動できるようになります。

1 Webサイトにページを追加する

● index.htmlファイルを複製する

今回必要な「お問い合わせページ」の基本構成はindex.htmlと同じなので、index.htmlファイルを複製して使用します。

STEP.1 ファイルを複製

index.htmlをコピー&ペーストして複製、または、右クリックから「コピー」「貼り付け」で複製します。

STEP.2 ファイル名を変更

ファイルを選択した状態で、Mac: [Enter] /Windows: [F2] キーを押してファイル名を変更できます。

ファイル名は「**contact.html**」に変更します。

「新しいファイル...」アイコンから、contact.htmlファイルを作成して、index.htmlの内容をコピー&ペーストする方法でもかまいません。

● contact.htmlの中身を整理する

contact.htmlを開いて\<body>タグの中身を整理しましょう。

トップページと共通の要素である**ヘッダーとフッターは残して**、ヒーローセクションと\<main>タグの中にあるすべてのセクションは削除します。

2 新しいページへのリンクを貼る

index.htmlのお問い合わせセクションには**お問い合わせフォームへのボタンを配置**しており、href属性の値に相対パス（P.167）で**遷移先を指定**しています。

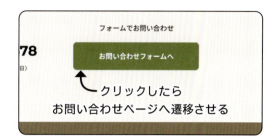

```
<a href="contact.html">お問い合わせ</a>
```
別ページへのリンクを設定

 正しい相対パスは「./contact.html」ですが、「contact.html」と省略できます。

● ページ間の移動

ヘッダーのロゴに**トップページへのリンク**を設定することで、それぞれのページを行き来できるようになります。

豆知識　フォルダに階層を設けることができる

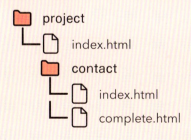

プロジェクト内でディレクトリ（フォルダ）を作成し、ファイルを階層化することができます。

たとえば、「contact」というフォルダを作成し、中に複数のHTMLファイルを配置します。これらのファイルをindex.htmlから参照する際は、「contact/index.html」や「contact/complete.html」のように記述します。

※ 注意点として、ディレクトリ構造が変わると、リンクや画像のパスもすべて指定を変更する必要があります。階層を設ける場合は、PHPなどの言語を併用すると管理がしやすくなります。

Chapter 9 - 12

「お問い合わせフォーム」を コーディングしよう

contact.htmlの<main>タグの中に、お問い合わせフォームを設置していきましょう。

1 下層ページのレイアウトを組む

今回は下層ページがお問い合わせページのみですが、**今後ページが増えることも考慮**して、共通の下層ページレイアウトを用意しておきましょう。

● 下層ページのHTML

STEP.1 共通の<main>タグ

<main>タグに対して、下層ページ用のclass名「.lower-main」を付与します。

STEP.2 共通の見出し要素

<div>タグにclass名「.lower-heading-group」を付与し、中に見出しの<h2>タグと、説明文の<p>タグを配置します。

```html
44  <main class="lower-main">
45      <div class="lower-heading-group">
46          <h2>お問い合わせ</h2>
47          <p>ご不明点などがあれば、…</p>
48      </div>
…   …省略…
```
📄 chapter9/design-coffee/contact.html

● 下層ページのCSS

STEP.1 <main>タグのスタイル

ページの上下にpaddingを指定して共通の余白を設け、背景色を指定します。

STEP.2 見出しのスタイル

見出しと説明文は左右中央揃えなので、グリッドレイアウトを指定し、justify-items: center; で左右中央の配置にします。

```css
286  .lower-main {
287      padding: 80px 0 100px;
288      background-color: #F3F1EE;
289  }
290  .lower-heading-group {
291      text-align: center;
292      display: grid;
293      justify-items: center;
294      gap: 20px;
295      margin: 0 0 40px;
296      h2 {
297          font-size: 40px;
298          font-weight: 700;
299      }
300  }
```
📄 chapter9/design-coffee/css/style.css

2 フォームの枠組みをつくる

● フォームとは?

フォームとは、ユーザーが**情報を入力**し、それを**システムやサーバーに送信する仕組み**です。HTMLとCSSでは、<input>タグや<select>タグを使い、ユーザーが**入力・選択できる要素**を作成できます。

 お問い合わせの他にも、会員登録や検索などにもフォームが使用されます。

```
49  <form class="form-box">
…      …フォームパーツが入る…
67  </form>
```
chapter9/design-coffee/contact.html

```
302  .form-box {
303    max-width: 640px;
304    margin: 0 auto;
305    border-radius: 20px;
306    padding: 60px;
307    background-color: #fff;
308    box-shadow: 0px 24px 40px
           rgb(0 0 0 / 0.08);
309  }
```
chapter9/design-coffee/css/style.css

● 白いボックスをつくる

STEP.1 HTMLに <form> タグを配置

<form>タグでフォームを作成し、class名「.form-box」を付与します。

STEP.2 CSSでスタイリング

.form-boxに対して、paddingで内側の余白、背景は白、角丸とドロップシャドウも加えます。

ボックスが横に広がりすぎてしまうので、**max-widthで横幅の制限**をし、marginの左右にautoを指定して、中央配置にします。

ヒント フォーム機能の実装は、プログラミング言語が必要

HTMLとCSSでフォームやボタンの見た目は作成できますが、入力内容を送信する機能はつくれません。データを送信するには、PHPやPythonなどのプログラミング言語が必要です。

 「STATIC FORMS」という無料のサービスを使えば、プログラミングの知識がなくても**簡単にフォームを実装**することができます (P.264)。

3 ラベルと入力フォーム

● 2つで1セットとして捉える

フォームの中は、基本的にラベルと入力フォームが**2つで1セット**になっています。これを意識して、共通化を考慮しながらコーディングを進めます。

STEP.1 共通のdivタグを用意

class名「.form-item」を付与した<div>タグの中に、<label>タグと<input>タグを挿入します。これが**基本の1セット**になります。<input>タグは、入力内容によって<textarea>や<select>タグに置き換えます。

```html
52  <div class="form-item">
53    <label>お名前</label>
54    <input type="text" name="name"
         placeholder="例）山田 太郎">
55  </div>
```

chapter9/design-coffee/contact.html

STEP.2 中の要素に間隔を設ける

.form-itemはグリッドコンテナにして、gapプロパティで間隔を設けます。

```css
310  .form-item {
311    display: grid;
312    gap: 10px;
313    label {
314      font-size: 14px;
315    }
316    + .form-item {
317      margin-top: 30px;
318    }
```

chapter9/design-coffee/css/style.css

STEP.3 隣接したら余白を設ける

セレクタに「要素 + 要素」の指定で、特定の要素が隣接した際の指定ができます（P.207）。

.form-itemが隣接したとき（2つ続いたとき）に、要素上に間隔を空ける指定を加えます。

※入力フォームに必要なname属性についてはP.264を参考に設定してください。

POINT 隣接セレクタをおさらいしよう

隣接セレクタを使うと、**要素が続いた場合にのみ**スタイルを適用できます。

 A＋Bと指定した場合は、Bに対してスタイルが適用される点に注意！

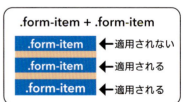

260　Chapter 9　カフェサイトをコーディングしよう

4 入力パーツをつくる

```css
1  input,
2  textarea {
3    border: 1px solid #aaa;
     padding: 0.8em 0.5em;
     border-radius: 8px;
     &::placeholder {
       color: #aaa;
     }
   }
   textarea {
     resize: none;
   }
```

chapter9/design-coffee/css/style.css

inputとtextarea

テキスト入力フィールドとテキストエリアは見た目が似ているため、**共通のスタイル**を使います。

STEP.1 同じスタイルを適用する

カンマ区切りでセレクタを指定して、共通のスタイルを適用します。

※ inputタグには、ラジオボタンやチェックボックスなどいろいろな種類が存在します。[type=email]のように属性を指定することで、種類を変更できます。

STEP.2 プレースホルダーの指定

::placeholderでプレースホルダーのスタイルを指定できます。テキストは薄めの色を指定するのが一般的です。

STEP.3 テキストエリアのresize指定

テキストエリアの右下にはデフォルトで**サイズ変更可能なハンドル**が表示されています。これがあるとレイアウトの崩れの原因になるため、resize: none;を指定して**変更不可（非表示）**にします。

POINT CSSのネスト記述で「&」を使う

CSSのネスト記述では、「&」を使って親のセレクタを継承することができます。単にネストして記述した場合、親と子の間にスペースが設けられますが、&を使うことで**親セレクタに子をつなげて指定**することが可能になります。

ただし、「&-error」のように**テキストをつなげることはできない**点は要注意です。

```
✗ textarea {
    ::placeholder {
→ textarea ::placeholder

○ textarea {
    &::placeholder {
→ textarea::placeholder
```

5 送信ボタンを設置する

```
64  <div class="form-item">
65    <button type="submit">送信する</
    button>
66  </div>
```
chapter9/design-coffee/contact.html

```
331 button {
332   font-size: 16px;
333   display: inline-block;
334   color: #fff;
335   background-color: #6A9631;
336   border: none;
337   padding: 1em 2em;
338   border-radius: 8px;
339   &:hover {
340     background-color: #517521;
341   }
342 }
```
chapter9/design-coffee/css/style.css

● フォームの送信ボタン

フォームに入力した内容を送信するボタンを設置します。リンクボタンをつくる際に使用していた<a>タグではない点に注意しましょう。

STEP.1 **<button>タグを配置**

class名「from-item」を付与した<div>タグ内に<button type="submit">を設置することで、フォームの内容を送信するボタンとして機能します。

STEP.2 **<button>タグのスタイリング**

<button>タグを配置したら、CSSでボタンの形にスタイリングしましょう。

<button>タグにはデフォルトで立体のようなボーダーが指定されているので、borderを打ち消す指定を加えています。

 ホバーを指定する擬似クラス「:hover」も、プレースホルダー同様に&を使って指定する必要があります！

POINT リセットCSS (reset.css) に追記してみよう

<button>タグのデフォルトのボーダーは古い印象を与えることが多いため、通常はそのまま使用しません。そのため、今回のように、ボーダーを取り除くスタイルを必ずと言っていいほど指定する必要があります。

このように、毎回指定するスタイルはあらかじめリセットCSS(reset.css) に記述しておくことをオススメします。これにより、同じ作業を繰り返す手間を省き、一貫したスタイルを効率的に適用することができます。

 使いやすいようにカスタマイズして、オリジナルのリセットCSSを作成しよう！

模写コーディングでスキルアップしよう

● 模写コーディングとは？

模写コーディングとは、既存のWebサイトを模倣して、**HTMLとCSSでページを再現する練習方法**です。この手法は、自分のコーディングスキルを向上させるのに効果的です。

STEP.1 好きなサイトを見つける

模写をするWebサイトを見つけましょう。たまたま見つけた気になるサイトや、ギャラリーサイト（P.108）から見つけるのもアリです。

STEP.2 自分の力でコーディングしてみる

まずは自分の力だけでWebサイトを再現できるかチャレンジしてみましょう。もちろん、不明点などは調べながらでも全然大丈夫です。

STEP.3 検証ツールで見比べてみる

検証ツール（P.266）を使うと、既存のWebサイトの構造を詳しく調べることができます。組み方がわからなかった部分を確認したり、**自分が書いたコードと比較**したりすることで、より効率的な書き方を発見することも可能です。**効率的なコードを見つけた際は、その方法をしっかりと習得する**ことが重要です。

このように、実際のコードを分析することで、**実践的なスキル**を磨き、コーディングの効率化を図ることができます。

> 模写コーディングは、繰り返し行うことで確実にスキルが身につきます。たくさん模写して、プロの技術を自分のものにしましょう！

Chapter 9 - 13 「お問い合わせフォーム」を実装しよう

プログラミングのスキルがなくてもお問い合わせフォームを実装できるサービスを利用して、お問い合わせフォームを作成してみましょう。

1 STATIC FORMS（スタティックフォーム）

STATIC FORMSは、HTMLだけで送信フォームを実装可能にするサービスです。

https://www.staticforms.xyz/

STEP.1 アクセスキーを発行する

アクセスキーの作成フォームに、お問い合わせを受けつけるメールアドレスを入力し送信すると、そのメールアドレスにアクセスキーが届きます。

STEP.2 フォームタグの書き換え

サイトに記載されているコードを参考に、<form>タグに action 属性や method 属性を付与します。

```
49  <form class="form-box"
      action="https://api.staticforms.xyz/
      submit" method="post">
```
chapter9/design-coffee/contact.html

STEP.3 アクセスキーを挿入する

<form>タグ内に input[type=hidden] 要素を配置し、valueの値にアクセスキーを挿入します。

```
50  <input type="hidden" name="accessKey"
      value="3e12d7c7-cf3f-4132-98c2-
      sample">
```
← アクセスキー

chapter9/design-coffee/contact.html

STEP.4 name属性を設定する

入力フィールドにそれぞれ **name属性を設定** します。name、email、messageなど、あらかじめ用意された一般的な名前、もしくは＄から始まる任意の名前を指定できます。

```
54  <input type="text" name="name" placeholder="例）山田 太郎">
58  <input type="email" name="email" placeholder="例)example@example.com">
62  <textarea rows="7" name="message" placeholder="お問い合わせ内容をご入力ください。">…
```
chapter9/design-coffee/contact.html

STEP.5　リダイレクト先を指定する

リダイレクト先（フォーム送信後に表示するページ）を指定するには、<form>タグ内にinput[type=hidden]要素を追加し、リダイレクトのURLを絶対パスで挿入します。送信完了ページをつくると、より親切なサイトになります。

```
51  <input type="hidden" name="redirectTo" value="https://hirocodeweb.com/">
```
📄 chapter9/design-coffee/contact.html　　　　　　　　　　リダイレクト先

※ リダイレクト先は絶対パスで指定する必要があるので、サイトの公開URLに合わせて変更してください。

STEP.6　正しく送信されるか試してみよう！

フォームに必要な内容を入力し、送信ボタンを押してフォームが正しく送信されるか確認します。

クリックして送信

登録したメールアドレスに、フォームに入力された内容が届く

POINT　Google Forms（グーグルフォーム）を使ってみよう！

Google Formsは、複雑なフォームを簡単に実装できる無料の**フォーム作成ツール**です。
自分のサイトに埋め込むことはできないため、ユーザーは外部サイトに飛んでフォーム入力する必要がありますが、誰でも簡単にフォームがつくれるオススメのツールです。

外部サイトに飛ぶというデメリットはありますが、無料で複雑なフォームを用意したい場合はとても便利なサービスです。

Chapter 9-14 検証ツールを使ってみよう

検証ツールは、ブラウザ上でHTMLやCSSを確認・編集できる便利なツールです。これを使うことで、コーディングがより効率的になり、エラーの特定や修正にも役立ちます。

1 検証ツールとは？

検証ツールとは、ブラウザに組み込まれている開発用の機能で、HTMLやCSSコードを確認・編集するためのツールです。

できること
- 要素の調査
- リアルタイム編集
- エラーの特定と修正
- レスポンシブのテスト

2 検証ツールの使い方

● 検証ツールを起動する

GoogleChromeを開いて、右上の「3連ドット」アイコン→「その他のツール」→「デベロッパーツール」へ進むと、ブラウザの下側に検証ツールが開きます。

右クリック→「検証」、またはショートカットキーでも起動することが可能です。

● HTML、CSSコードを確認する

検証ツール左上の「矢印アイコン」をクリックすると、アイコンが青色に変化します。この状態でWebページ上の要素をクリックすると、要素のHTMLとCSSコードを確認できます。

色によって、padding、margin、コンテンツ領域がどうなっているかわかります！

● CSSコードを編集する

検証ツール内でCSSコードを編集すると、**ブラウザの表示がリアルタイムで更新**されます。

「CSSを書いてみたが、思ったような表示にならない」といった場合には、検証ツールで**表示を確認しながらコードを修正**すると便利です。また、プロパティ左側のチェックボックスをオン・オフすることで、プロパティの有効・無効を切り替えて確認できます。

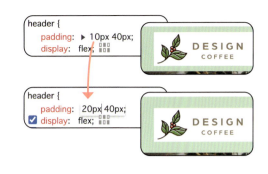

> **ヒント** 実際のコードには反映されないので注意しよう！
>
> 検証ツールで行ったコードの編集は、**実際のファイルには反映されません**。そのため、変更内容は**手動で実際のファイルを書き換える必要があります**。また、ブラウザを更新（リロード）すると、検証ツールでの変更はすべてリセットされるため、この点にも注意して使用しましょう。

3 レスポンシブの確認に使用する

● 画面幅を縮めて確認する

検証ツールの右上にある「3連ドット」アイコンをクリックし、「Dock Side」から表示位置を右側に切り替えます。

検証ツールとWebページの境目にカーソルを合わせ、カーソルが左右の矢印に変わった状態でドラッグすると、**Webページの横幅を変更**できます。

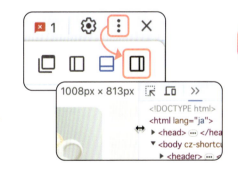

● モバイル端末のサイズで表示する

検証ツールでは、モバイル端末のサイズでWebページを表示することができます。

左上の「デバイスアイコン」をクリックするとデバイスツールバーが表示され、セレクトボックスから**いろいろなモバイル端末サイズ**に画面を切り替えることができます。

レスポンシブ対応をしよう

▼動画レッスン

画面サイズに応じてレイアウトが調整されるコードを追加し、スマホなどの端末でもサイトが美しく表示されるようにしましょう。

1 レスポンシブデザインとは？

レスポンシブデザインは、Webサイトを**異なる画面サイズ**に適応させ、**最適に表示するデザイン手法**です。さまざまなデバイスや画面サイズで、コンテンツが正しく表示されるように調整します。

パソコンサイズ

タブレットサイズ

スマホサイズ

デザインカンプ作成時に、パソコンのパーツを元にスマホサイズのデザインを作成しました。この工程自体がレスポンシブデザインといえます。

● レスポンシブコーディング

以前は、パソコン用とスマートフォン用のWebページを別々に作成する必要がありましたが、**レスポンシブコーディング**の登場により、1つのWebページで端末によって表示を切り替えることが可能になりました。

HTMLのコードはそのままで、CSSのスタイルを画面幅に応じて適切に調整することで、異なるデバイスで最適な表示に切り替えることが可能になります。

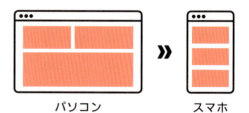

パソコン　»　スマホ

画面幅に応じて、CSSでサイズやレイアウトを変化させる

2 レスポンシブ対応のやり方

● CSSのメディアクエリとは？

レスポンシブ対応には、CSSの**メディアクエリ**という機能を使用します。

```
@media(width <= 600px) {
    font-size: 14px;
}
```

600px 以下の画面幅で、このスタイルを適用する

メディアクエリを使うと、画面幅に応じて異なるスタイルを適用できます。

● メディアクエリの使い方

@mediaでメディアクエリを開始し、( ) の中に条件（ブレイクポイント）を定義して、**条件に合致した場合に適用するスタイル**を設定します。

セレクタの中に書く場合
```
p {
  font-size: 16px;
  @media(width <= 600px) {
    font-size: 14px;
  }
}
```

どちらも同じ指定

セレクタの外に書く場合
```
p {
  font-size: 16px;
}
@media(width <= 600px) {
  p {
    font-size: 14px;
  }
}
```

この例では、<p>タグの文字サイズを通常は16px、画面幅600px以下の場合は14pxになるように設定しています。

● どっちの書き方がいい？

「**セレクタの中に書く**」方法を推奨しています。

外に書くとメディアクエリの記述回数は減りますが、**セレクタを2回記述する必要があり**、管理が難しくなります。

一方、中に書くとメディアクエリの記述回数は増えますが、**セレクタを1箇所で管理でき**、レスポンシブ対応がわかりやすくなります。

● どの画面幅まで対応すればいい？

レスポンシブ対応では、一般的なスマートフォンの**最小サイズ360px**から始め、それより大きい画面はすべてレイアウトが崩れないようにします。特にパソコンでは、ユーザーがブラウザの**ウィンドウサイズを自由に変更できる**ため、どのサイズでも快適に閲覧できるのが理想です。

> **豆知識　メディアクエリの別の指定**
>
> ① `@media(width <= 600px) {…}`
> ② `@media screen and (max-width: 600px){…}`
>
> メディアクエリの指定は、今回紹介した①の指定の他にも②のような指定方法がありますが、どちらの指定でも同じ挙動になります。
>
> ②の指定は昔からある書き方で、①は最新の書き方です。古いバージョンのブラウザに対応する必要がある場合は②の形式で書く必要がありますが、基本的に①の指定で問題ありません。

3　ブレイクポイントを決めよう！

● ブレイクポイントとは？

ブレイクポイントは、メディアクエリでCSSの**スタイルを切り替える「画面幅」**のことです。ブレイクポイントの数値は、普及している端末幅を考慮して設定します。

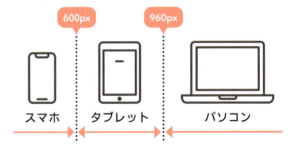

● ブレイクポイントは自由に増やしていいの？

ブレイクポイントは**自由に増やせます**が、増やしすぎるとコードが複雑になり**管理が難しく**なります。また、表示パフォーマンスの低下やデザインの一貫性の欠如も引き起こす可能性があるため、ブレイクポイントは**最小限に抑えること**が推奨されます。

> 特定の要素に専用のブレイクポイントを設けるのはまったく問題ありませんが、基本的には2、3個のブレイクポイントを使い回すようにしましょう。

4 メディアクエリの表示を確認しよう！

● メディアクエリを使って、レスポンシブのコードを書く

メディアクエリの指定を書いて、ブラウザで**スタイルが変更されるか確認**してみましょう。

```
11  <h2>レスポンシブ</h2>
```
chapter9/responsive-sample/index.html

```
1  h2 {
2    font-size: 40px;
3    @media(width <= 960px){
4      font-size: 32px;
5    }
6    @media(width <= 600px){
7      font-size: 24px;
8    }
9  }
```
chapter9/responsive-sample/css/style.css

STEP.1 <h2>タグを用意

index.htmlファイルに<h2>タグを配置して、中にテキストを挿入します。次にCSSで、<h2>タグに対してfont-size: 40px;の指定をします。

STEP.2 レスポンシブの指定を追記

メディアクエリを使って、画面幅960pxと600pxのタイミングでフォントサイズを変更します。

STEP.3 ブラウザで表示

作成したコードをブラウザで開きます。

● 検証ツールで画面サイズを変更して、表示確認を行う

STEP.1 検証ツールを起動

検証ツールを起動して、確認の準備を行います（公開前は実機推奨）。

STEP.2 Responsiveモードを表示

検証ツールの「デバイスアイコン」をクリックして、デバイスツールバーを表示し、左のセレクトボックスで「Responsive」を選択します。

STEP.3 画面サイズを変更して確認

ハンドルをドラッグして画面幅を変更します。

メディアクエリで指定したタイミングで**スタイルが変化するか確認**しましょう。

5 「ヘッダー」のレスポンシブ

● パソコンとスマホでどんな変化があるか確認する

まず、パソコンとスマホのデザインを見比べ、**要素の変化を確認**します。パソコンサイズのコーディングを先に行ったので、画面幅を縮めた際に**スマホサイズのデザインになるようにコードを追記**していきます。

● headerのレスポンシブ

```css
14  header {
15    padding: 10px 40px;
16    display: flex;
17    align-items: center;
18    justify-content: space-between;
19    @media(width <= 960px) {
20      padding: 10px 20px;
21    }
22    @media(width <= 600px) {
23      flex-direction: column;
24      gap: 10px;
25    }
```

📄 chapter9/design-coffee-responsive/css/style.css

STEP.1 余白サイズを小さく

画面サイズ960px以下のタイミングで、左右の余白サイズを小さくします。

※ 余白サイズはスマホサイズのデザインを参考に設定

STEP.2 ロゴとリストを縦並びに

600px以下のタイミングで、flex-direction: column;を指定し、縦方向の並びに変更します。

STEP.3 上下の間隔を指定

スマホ画面では、ロゴとナビゲーションの間に余白が必要なので、gapプロパティを追記します。

ステップアップ　メニューが多いときは「ハンバーガーメニュー」

メニューの表示が窮屈になった場合は、ハンバーガーメニューの設置を検討しましょう！

📁 chapter9/burger-menu-sample

メニュー項目が多いと使いにくい

ハンバーガーメニューでコンパクトに

6 「ヒーローセクション」のレスポンシブ

● <h2>タグをレスポンシブのタイミングで改行する

「No Coffee, No Life.」のテキストは自然に改行させると、**中途半端な位置で改行**されてしまいます。そのため、**スマホサイズで改行位置を指定**するコードを追加します。

パソコンサイズのデザイン　　　　スマホサイズのデザイン　　　自然に改行させた場合

```
45  <h2>No Coffee,<br> No Life.</h2>
```
chapter9/design-coffee-responsive/index.html

```
74  h2 {
…   …
77    br {
78      display: none;
79      @media(width <= 600px) {
80        display: block;
81      }
82    }
83  }
```
chapter9/design-coffee-responsive/css/style.css

STEP.1
タグを挿入

改行位置に
タグを入れます。ただし、このままだと**パソコン幅の画面でも改行されてしまう**ので、CSSの指定を追記します。

STEP.2
タグにスタイルを指定

タグにdisplay: none;を指定して非表示状態にします。これで、パソコンサイズでは
タグが機能しなくなり、**テキストが改行されなくなります**。

STEP.3 スマホ画面では表示状態に

600px以下の画面幅になった際に、
タグにdisplay: block;を指定して表示状態にします。これで、小さい画面幅のときのみ改行されます。

 下の<p>タグも同様に、
タグを設定してみましょう。

POINT　基本的には「サイズ・レイアウト変更」がほとんど

レスポンシブ対応は、**サイズ変更とレイアウト変更がほとんど**です。FlexboxやGridLayoutでレイアウトを調整し、フォントや余白を調整することでほとんどのレスポンシブ対応が可能です。

 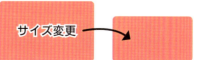

7 「メニュー」のレスポンシブ

● メニューリストの列を徐々に少なくする

メニューリストを4列から2列へと一気に変更してしまうと、タブレット幅でメニュー項目が大きくなりすぎてしまいます。そのため、**タブレットサイズでは3列**になるように指定を加えましょう。

パソコンサイズ　　　　　　タブレットサイズ　　　　　スマホサイズ

デザインカンプを作成していない部分は、バランスを見て補完する

```css
234  .menu-list {
235    display: grid;
236    grid-template-columns: 1fr 1fr 1fr 1fr;
237    gap: 20px;
238    @media (width <= 960px){
239      grid-template-columns: 1fr 1fr 1fr;
240    }
241    @media (width <= 600px){
242      grid-template-columns: 1fr 1fr;
243      gap: 10px;
244    }
245  }
```

chapter9/design-coffee-responsive/css/style.css

STEP.1　タブレットサイズ

画面幅960pxのタイミングで、grid-template-columnsプロパティの指定を4列から3列に変更します。

STEP.2　スマホサイズ

画面幅600pxのタイミングで、3列から2列に変更します。同時に、メニュー項目の間隔も狭くなるよう調整します。

ステップアップ　自動で折り返すリストを組んでみよう！

画面幅に応じて自動で4列、3列、2列と変化していくリストを組むことも可能です。.menu-listのgrid-template-columnsの指定を、以下の指定に変更してみましょう。

```
grid-template-columns: repeat(auto-fill, minmax(200px, 1fr));
```

自動でカラム数を変化させるグリッドレイアウトの指定

auto-fill	コンテナの幅に合わせて、できるだけ多くの列を自動的に追加します。
minmax(200px, 1fr)	各列の最小幅を200pxに設定し、最大幅は1frで指定します。これにより、列は最低200pxの幅を持ち、利用可能なスペースに応じて自動で広がります。

生成AI「ChatGPT」を使ってみよう

ChatGPT（チャットジーピーティー）とは、**対話型の生成AI（人工知能）**です。人間と会話するように、文章の生成や情報の収集ができ、Web制作のサポートツールとしても役立ちます。

https://chatgpt.com/

 まずは王道のChatGPTを使ってみよう！

● アカウントを作成しよう

メールアドレスまたはGoogleアカウントなどでアカウントを作成しましょう。アカウントを作成するだけで、無料でChatGPTを利用できるようになります。

● 文章を生成する

入力フォームに、「Webデザイナーの自己紹介を考えて」のように指示すると、文章を返してくれます。その後、さらにチャット形式でやり取りを続けることができます。

● コードを生成する

ChatGPTでは、コードの生成も可能です。たとえば、「HTMLとCSSでボタンを作成して」と指示すれば、ボタンのHTMLとCSSコードが生成されます。

生成されたコードは積極的に活用していいですが、**class名やHTMLの構造などは調整**しましょう。

 生成結果がすべて正しいとは限りません。その点を理解した上で、あくまで**サポートツールとして活用**しましょう！

Chapter 9

16 Webサイト公開の準備をしよう

Webサイトの公開に向けて必要な情報を準備し、作成したサイトにエラーやレイアウトの崩れがないかを確認しましょう。

1 ファビコン（favicon）を設置しよう

● ファビコン（favicon）とは？

ファビコンは、Webサイトのタブやブックマークバーなど、ブラウザで**Webページを識別するための小さなアイコン**です。ユーザビリティ向上のためにも設置が推奨されています。

STEP.1 ファビコンの画像ファイルをつくろう

まずはFigmaで、正方形のフレームを作成し、中に企業の**ロゴやブランドを象徴する簡潔なイメージ**を作成します。これをさまざまな形式で書き出して使用します。

※ ロゴ画像は必ずベクターデータである必要があります。使用するツールはIllustratorなどでも問題ありません。

❶ icon.svg ファイルの作成

ファビコン画像をsvg形式で書き出します。ファイル名は、「**icon.svg**」としておきます。

❷ favicon.ico ファイルの作成

まずは、ファビコン画像を32×32pxのpng画像で書き出します。書き出したファビコン画像をオンライン画像変換ツールで「ico」形式に変換します。ここではファイル名を「**favicon.ico**」としておきます。

※「png ico 変換」などのキーワードで変換サイトを検索し、ファイルの変換を行いましょう。
　（参考サイト：https://convertio.co/ja/png-ico/）

❸ apple-touch-icon.png ファイルの作成

ファビコン画像を、180×180pxのpng画像で書き出します。ファイル名は「**apple-touch-icon.png**」としておきます。

❹ icon-192.png   ❺ icon-512.png ファイルの作成

ファビコン画像を、192×192pxと512×512pxのpng画像で書き出します。ファイル名はそれぞれ「**icon-192.png**」「**icon-512.png**」としておきます。

❻ manifest.webmanifestファイルの作成

VSCodeで新規ファイルを作成し、名前を「manifest.webmanifest」にします。中には下記コードを記入します。

```
{
  "icons": [
    { "src": "img/favicon/icon-192.png", "type": "image/png", "sizes": "192x192" },
    { "src": "img/favicon/icon-512.png", "type": "image/png", "sizes": "512x512" }
  ]
}
```

chapter9/design-coffee/img/favicon/manifest.webmanifest

STEP.2 作成したファイルを「favicon」フォルダにまとめよう

作成した6つのファイルを「favicon」フォルダにまとめましょう。このフォルダは「img」フォルダの中に配置します。

STEP.3 ファビコンの設定を\<head>タグに記述しよう

全ページの\<head>タグの中に、各ファイルの設定を記述します。

```
 9  <link rel="icon" href="img/favicon/favicon.ico" sizes="32x32">
10  <link rel="icon" href="img/favicon/icon.svg" type="image/svg+xml">
11  <link rel="apple-touch-icon" href="img/favicon/apple-touch-icon.png">
12  <link rel="manifest" href="img/favicon/manifest.webmanifest">
```

chapter9/design-coffee/index.html

ブラウザのタブにファビコンが正しく表示されているか確認しましょう！

2 OGPを設定しよう

● OGPとは？

OGP(Open Graph Protocol) は、WebページがFacebookやX(旧Twitter)などのSNSでシェアされたときに、タイトル、説明、画像などが適切に表示されるようにするための設定です。

STEP.1　OGP画像を用意しよう

OGP画像とは、WebページがSNSでシェアされたときに表示される画像です。Figmaで**1200x630px**のフレームを作成し、ロゴとキャッチコピーを含めたデザインを作成しましょう。

作成したOGP画像は「ogp.png」として保存し、**imgフォルダ**に配置します。

STEP.2　OGPの情報を\<head>タグに記述しよう

全ページの\<head>タグの中に\<meta>タグでOGPに関する指定を行います。

```
14  <meta property="og:title" content="ページのタイトル" />       ← ページのタイトル
15  <meta property="og:description" content="ページの説明" />     ← ページの説明
16  <meta property="og:image" content="https://example.com/       ← OGP 画像の URL
        img/ogp.png" />
17  <meta property="og:url" content="ページのURL" />              ← ページの URL
```
chapter9/design-coffee/index.html

STEP.3　OGP確認ツールでチェックしよう

設定ができたら、OGPの確認ツールを使って情報が正しく表示されるか確認します。

・Facebook

https://developers.facebook.com/tools/debug/

・X(旧Twitter)

X.com

※ 以前まで利用されていたX(旧Twitter)の確認ツール「Card validator」は利用できなくなりました。
　 現在は、投稿作成時のプレビューで確認することができます。

OGPに関する情報はWebサイトを公開してから確認しましょう。

3 メタタグを設定しよう

● メタタグとは？

<meta>タグは、Webページに関する追加情報を定義するタグです。メタタグを設定することで、検索エンジンやソーシャルメディアでのページの表示を最適化します。<head>タグ内で指定します。

・タイトルタグ・メタディスクリプションを設定しよう

<title>タグにページのタイトルを指定すると、ブラウザのタブや検索エンジンの結果に表示されます。メタディスクリプションには、ページの内容を簡潔に説明するテキストを記述します。検索エンジンの結果に表示されることがあり、SEO対策として重要です。

```
6  <title>ページのタイトル - サイト名</title>
7  <meta name="description" content="豆の産地や焙煎にこだわり抜いたスペシャルティコーヒーを提供する本格カフェ『DESIGN COFFEE』。2024年創業、東京で一杯の贅沢な時間をお届けします。">
```

chapter9/design-coffee/index.html

4 ブラウザチェックをしよう

特定のブラウザでのみレイアウトが崩れたり、動作しないことがあるため、**主要なブラウザで表示や動作の確認**を行いましょう。

ブラウザチェックに必要な4つの主要ブラウザ

モバイル端末は擬似的な検証ツールを使って確認することもできますが、実際の端末で見ると異なる場合があります。そのため、可能な限り実機での確認が望ましいです。

Chapter 9

17 Webサイト公開の手順

サイトのコードが完成したら、いよいよWeb上に公開します。Webサイトを公開する手順を把握しましょう。

Webサイトの公開に必要な「**3つのステップ**」を確認していきましょう。

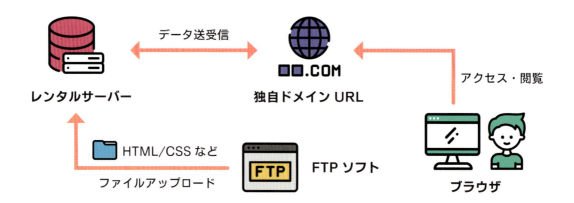

Webサイトの公開はエンジニアが担当することも多いですが、小規模なプロジェクトやフリーランスのWebデザイナーの場合、サイトの公開まで担うことも多いです。

1 レンタルサーバーの契約

● レンタルサーバーとは？

サーバーとは、Webサイトのファイルを保存する「**場所**」のことです。

サーバーを購入・維持するには高額なコストと手間がかかるため、一般的にはサーバーの一部を借りる「**レンタルサーバー**」サービスを利用します。

レンタルサーバーの費用は月額1000円程度で、安いプランでは月額数百円で利用できます。プランによって利用可能な容量やMySQLデータベースの数が異なります。

280　Chapter 9　カフェサイトをコーディングしよう

2 独自ドメインの取得

ドメインとは、Webサイトにアクセスするための「**住所**」のことです。

レンタルサーバーを利用する場合、**初期ドメイン（サブドメイン）**が提供されますが、覚えづらいなどのデメリットがあります。

そこで、「独自ドメイン」を登録することで、**自分の好きな住所**を使うことができます。

独自ドメインは、ドメイン取得サービスで購入し、**レンタルサーバーと連携**させて使用します。

独自ドメインを使うと
覚えやすくアクセスしやすい

hirocodeweb.main.jp/hirocode　ドメイン

hirocodeweb.com　独自ドメイン

> 独自ドメインの中でも「.com（ドットコム）」ドメインは、覚えやすく、信頼性が高く、世界中で広く認知されているため、非常に人気があります。

3 ファイルのアップロード

● FTPソフト（FTPクライアント）とは？

FTPソフトは、パソコンにあるファイルを**サーバー上にアップロードするためのソフトウェア**です。

FTPソフトを使って、契約したレンタルサーバーにプロジェクトファイルをアップロードします。

通常、レンタルサーバーには**独自のFTPソフト**が用意されていることがほとんどです。

FTPソフト → ファイルアップロード → レンタルサーバー

> **POINT**　公開手順の詳細は特典ファイルで!
>
> 大まかな手順はこの3つのステップですが、各ステップごとにいくつかの設定などがあるため、本書で細かいところまでは説明しきれません。そのため、Webサイトの公開についての詳しい手順は下記の「**特典ファイル**」をご活用ください。
>
> 📁 bonus/webサイトの公開手順.pdf

索引

タグ

\<a>	166
\<aside>	216
\<b>	165
\<body>	156
\ 	161,164
\<button>	224
\<dd>	171
\<div>	173
\<dl>	171
\<dt>	171
\<footer>	254
\<form>	174
\<h1>〜\<h6>	164
\<head>	156
\<header>	236
\<hr>	161
\<href>	162
\<html>	156
\<img>	161,168
\<input>	161,174
\<label>	175
\<li>	170
\<link>	185
\<main>	241
\<meta>	279
\<nav>	236
\<ol>	170
\<p>	164
\<section>	238
\<select>	176
\<span>	165,173
\<src>	162
\<strong>	165
\<style>	162
\<table>	172
\<tbody>	172
\<td>	172
\<textarea>	175
\<th>	172
\<thead>	172
\<title>	162
\<tr>	172
\<ul>	170

記号・数字

%	192
@charset	185
::after	208
::before	208
:hover	209
:nth-child	209
16進数カラーコード	38
70:25:5の法則	38

A・B・C

Adobe XD	50
align-items プロパティ	213
alt属性	168
aspect-ratio プロパティ	201
background-color プロパティ	193
background-image プロパティ	194
border	196
border-radius プロパティ	193
border プロパティ	194
bottom プロパティ	222
box-shadow プロパティ	195

box-sizing プロパティ	197
class 属性	202
class 名	202
color プロパティ	188
content	196
CSS	180
CSS ネスティング	234
CSS ファイル	13,184

D・E・F

disabled 属性	178
display プロパティ	199
DOCTYPE宣言	156
dvh	219
ECサイト	15
Figma	50
Flexbox	210
flex-direction プロパティ	212
flex-warp プロパティ	211
font-family プロパティ	191
font-size プロパティ	188
font-weight プロパティ	189
fr	217
FTP ソフト	281

G・H・I

gap プロパティ	211
Google Chrome	151
Google Fonts	42,191
Google Forms	265
Google Map	250
grid-area プロパティ	220
GridLayout	216
grid-template-columns プロパティ	217
grid-template-rows プロパティ	218
height プロパティ	192

href 属性	166
HTML	160
HTML ファイル	13,160
HTML 文書	160
HTML 要素	161
id（アイディー）属性	205
Illustrator	90
index.html	155

J・L・M・N

JavaScript ファイル	13
JPG	99
justify-content プロパティ	214
lang 属性	156
left プロパティ	222
letter-spacing プロパティ	190
linear-gradient 関数	195
line-height プロパティ	190
LP（ランディングページ）	14
margin	197
min-height	219
name 属性	177

O・P・R

object-fit プロパティ	200
OGP	278
OpenType機能	67
padding	196
PDF	99
Photoshop	90
placeholder 属性	177
PNG	99
position プロパティ	222
rel 属性	185
required 属性	178
reset.css	186

right プロパティ 222

S・T・U

Sass 235

src 属性 168

style.css 184

SVG 99

target 属性 166

text-align プロパティ 189

text-decoration プロパティ 190

top プロパティ 222

type 属性 174

UI 26

URL 12

utf-8 185

UX 26

V・W・Z

value 属性 177

Visual Studio Code 148

Web サイト 12

Web デザイン 26

Web フォント 42

Web ページ 12

width プロパティ 192

z-index プロパティ 223

Z の法則 117

あ

アクセントカラー 37

アコーディオンメニュー 21

値 181

色スタイル 100

インスタンス 86

インタラクション 93

インラインスタイル 182

インラインブロック要素 199

インライン要素 198

エクスポート 233

欧文フォント 40

オートレイアウト機能 82

オブジェクト 69

親要素 163

か

カーニング 43

開始タグ 161

外部スタイルシート 182

拡大縮小ツール 70

拡張子 160

下層ページ 137

可読性 41

カラーコード 38

カラーピッカー 61

空要素 161

カルーセル 24

間接セレクタ 207

疑似クラス 209

疑似要素 208

キャンバス 59

兄弟要素 163

近接 47

グリッドアイテム 217

グリッドコンテナ 217

グリッドレイアウト 216

グループ化 74

グローバルナビゲーション 18

検証ツール 266

コーディング 17,146

コードエディタ 148

コーポレートサイト 14

ゴシック体 39

284　索引

コピーライト	254
子要素	163
コンストレインツ	80
コンテナに合わせて拡大	82
コンテナ幅	114
コンテンツを内包	82
コンポーネント	86

さ

サーバー	13
最上位フレーム	76
彩度	33
サイドバー	19
サイトマップ	28,104
サンセリフ体	40
シェイプツール	60
色相	33
色相環	35
色調	34
子孫セレクタ	206
視認性	41
終了タグ	161
スクロールボタン	122
スライドショー	24
静的サイト	17
制約	80
整列	47
絶対パス	167
セリフ体	40
セレクタ	181
セレクトボックス	23,176
先祖要素	163
相対パス	167
属性	162
属性セレクタ	207

た

対比	48
タイポグラフィ	39
タグ	160
タブメニュー	21
チェックボックス	23,176
長方形ツール	60
直下セレクタ	206
ツールチップ	24
テキストエリア	175
テキストスタイル	100
テキストツール	66
デザインカンプ	29,110
動的サイト	17
透明	63,193
トーン	34
独自ドメイン	281
ドメイン	12
トラッキング	43
トリミング	69
ドロップシャドウ	63

な

内部スタイルシート	182
ネスト（階層化）	162

は

ハイパーリンク	166
バックエンド	17
バリアント	89
パンくずリスト	22
判読性	41
ハンバーガーメニュー	21
反復	48
ヒーローセクション	18

ファーストビュー	19
ファビコン	276
フォーム	23
フッター	19
プラグイン	65
フラッシュメッセージ	22
ブレイクポイント	270
フレーム	76
プレゼンテーションビュー	94
フレックスアイテム	210
フレックスコンテナ	210
フレックスボックス	210
ブログ	15
プログラミング	146
プロジェクトフォルダ	154
ブロック要素	198
プロトタイプ機能	92
プロパティ	181
プロパティパネル	58
フロントエンド	17
ベクター画像	71
ページ	76
ページ遷移	92
ページ内リンク	236
ページネーション	22
ページレイアウト	30
ベースカラー	37
ヘッダー	18
補色	35
ボタン	21
ボックスシャドウ	195
ボックスモデル	196
ホバー	95

ま

マークアップ	160

孫要素	163
明朝体	39
無彩色	34
明度	33
メインカラー	37
メインコンテンツ	18
メインコンポーネント	86
メディアクエリ	269
メディアサイト	15
モーダルウィンドウ	22

や

要件定義	16

ら

ラジオボタン	23,175
ラスター画像	71
リセットCSS	186
リンク	21
隣接セレクタ	207
レイヤー	72
レスポンシブ対応	268
レンタルサーバー	280
ローカルスタイル	100
ローディング	24

わ

ワイヤーフレーム	29,106
和文フォント	39

校閲	STAND4U／久田伸也
本文デザイン	山之口正和＋高橋さくら（OKIKATA）
表紙・本文イラスト	COFFEE BOY
編集協力	澤田竹洋、鈴木 葵（浦辺制作所）
DTP	関口 忠
校正	夢の本棚社

おわりに

本書を通じて、Webデザイナーの仕事の流れを少しでも体験していただけたでしょうか。

この本を読み終えた後の学習方法としては「デザインのトレース」と「模写コーディング」が特におすすめです。デザインのトレースでは、Webサイトに必要なデザインのパターンやアイデアを増やし、模写コーディングを通じて、デザインをWebページとして再現する力を養っていきます。

その後は、自分で架空のサイトをデザインし、それをコーディングしてみるという練習を行うことで、実践的なスキルを確実に身につけることができるでしょう。こうした反復練習を積み重ねていけば、Webデザイナーとしてプロの現場でも通用する力が身につくはずです。

Webデザインは、常に新しい発見と挑戦がある、終わりのない成長のプロセスです。時にはクライアントの要望やトレンドに応じた新しい表現方法を求められることもあるため、スキルや知識を継続してアップデートしていくことが重要です。新たなデザインに挑戦することを楽しめるようになると、デザインのクオリティも向上し、仕事への充実感もより深まっていくでしょう。

HTMLやCSSに関しては学ぶことが多いですが、すべてを一度に覚える必要はありません。必要なことから少しずつ学んでいき、実践を重ねることでスキルを積み上げていくのが最も効果的です。最初は調べながら進めることが多いかもしれませんが、続けることで自然と知識が増え、効率よくコードが書けるようになるはずです。焦らず、地道に学び続けることが大切です。

これからも、Webデザインを楽しみながら成長を続け、Webデザイナーとしてのキャリアを歩んでいただければうれしいです。

もしわからないことや気になることがあれば、僕のYouTubeチャンネルの動画コメント欄に気軽にコメントしてみてください。

HIROCODE. ヒロコード
https://www.youtube.com/@hirocode

2024年12月吉日
HIROCODE. ヒロ

【著者紹介】

HIROCODE.

2011年、武蔵野美術大学造形学部空間演出デザイン学科卒業後、アンティーク家具店勤務などを経て、IT系ベンチャー企業に入社。独学でWebデザインやコーディングを習得し、Webデザイナーとしての活動をスタート。現役Webデザイナーとして大手企業のWebサイト制作を手掛ける傍ら、2020年からはYouTubeでWebデザインやコーディングに関する情報発信を続けており、2024年12月現在でチャンネル登録者数は6.9万人に上る。

ゼロからはじめてプロになる
HTML／CSS&伝わるWebデザイン

2025年1月20日　初版発行

著者／HIROCODE.
発行者／山下直久
発行／株式会社KADOKAWA
　　　〒102-8177 東京都千代田区富士見2-13-3
　　　電話 0570-002-301(ナビダイヤル)
印刷所／TOPPANクロレ株式会社
製本所／TOPPANクロレ株式会社

本書の無断複製（コピー、スキャン、デジタル化等）並びに
無断複製物の譲渡および配信は、著作権法上での例外を除き禁じられています。
また、本書を代行業者等の第三者に依頼して複製する行為は、
たとえ個人や家庭内での利用であっても一切認められておりません。

●お問い合わせ
https://www.kadokawa.co.jp/(「お問い合わせ」へお進みください)
※内容によっては、お答えできない場合があります。
※サポートは日本国内のみとさせていただきます。
※Japanese text only
定価はカバーに表示してあります。
©HIROCODE. 2025 Printed in Japan
ISBN 978-4-04-606910-8 C0055